突发性灾害事件下
应急物资分配决策理论与方法

庞海云　著

ZHEJIANG UNIVERSITY PRESS
浙江大学出版社

图书在版编目（CIP）数据

突发性灾害事件下应急物资分配决策理论与方法 /
庞海云著. —杭州：浙江大学出版社，2015.11
　ISBN 978-7-308-15181-8

　Ⅰ.①突… Ⅱ.①庞… Ⅲ.①灾害—突发事件—物资
分配计划—应急对策—研究—中国 Ⅳ.①X4 ②F259.22

　中国版本图书馆 CIP 数据核字（2015）第 232549 号

突发性灾害事件下应急物资分配决策理论与方法

庞海云　著

责任编辑	黄兆宁
责任校对	陈慧慧　秦　瑕
封面设计	周　灵
出版发行	浙江大学出版社
	（杭州市天目山路 148 号　邮政编码 310007）
	（网址：http://www.zjupress.com）
排　　版	杭州中大图文设计有限公司
印　　刷	杭州日报报业集团盛元印务有限公司
开　　本	710mm×1000mm　1/16
印　　张	11.75
字　　数	221 千
版 印 次	2015 年 11 月第 1 版　2015 年 11 月第 1 次印刷
书　　号	ISBN 978-7-308-15181-8
定　　价	30.00 元

序

近年来，突发性灾害事件频发，如 2004 年的印度洋地震及引发的海啸、2005 年美国卡特里娜飓风、2008 年的中国汶川地震、2010 年海地地震、2011 年日本地震、2015 年尼泊尔地震……这些灾害事件给人类社会造成的灾害损失越来越大，因此无论是在实践中，还是在理论上，如何加强应急管理越来越成为社会关注的焦点。

在应急管理实践中，我国为了加强应急能力建设，制定了一系列的法律、法规和规范性文件。2007 年 8 月 30 日，中华人民共和国第十届全国人民代表大会常务委员会第二十九次会议审议通过了《中华人民共和国突发事件应对法》，国务院先后制定或通过了《国家突发公共事件总体应急预案》、《国务院关于全面加强应急管理工作的意见》、《"十一五"期间国家突发公共事件应急体系建设规划》等规范性文件，进一步完善了应急政策体系，有效地规范了突发事件应对活动。

在理论界，灾害事件发生后的应急物资分配决策是应急管理理论乃至应急决策理论体系中一个重要的现实课题。比如，2009 年 8 月，国家自然科学基金委员会联合管理科学部、信息科学部、生命科学部，以非常规突发事件应急管理为研究对象，启动了重大研究计划"非常规突发事件应急管理研究"（总经费为8000 万元，执行期 6 年）。该项目面向重大突发事件应急管理基础科学的重大需求，按照"有限目标、稳定支持、集成升华、跨越发展"的思路，在非常规突发事件的特殊约束下，重点解决应急管理的三个方面重大科学问题：非常规突发事件的复杂性建模与应急决策理论，应急决策中的信息处理与知识发现，紧急状态下个体和群体行为反应的生理及心理学基础。

庞海云博士是我指导的最后一个在职博士生，她于 2009 年秋季以优异的成绩加入我的研究团队，入学后就开始关注应急物流方面的研究。在校期间，作为研究骨干参与了我主持的国家自然科学基金面上项目"城市应急物流不完全扑灭的多商品分配问题研究"、国家自然科学基金重大研究计划培育项目"基于组群信息刷新的非常规突发事件资源配置优化决策研究",并先后在《控制与决策》《浙江大学学报(工学版)》《城市规划》等一级刊物上发表了多篇高水平学术论文,于 2013 年 3 月顺利完成博士学业。毕业后,庞海云博士主持承担了浙江省哲学社会科学规划课题重点项目"突发性灾害事件下应急物资分配决策过程研究"等多个相关项目的研究工作,对应急物流的研究更加专注和深入。我很高兴地看到,作为上述国家自然科学基金项目、省社科重点项目的系列研究成果,庞海云博士的专著《突发性灾害事件下应急物资分配决策理论与方法研究》即将出版。

　　本书是国内为数不多的关于应急物资分配决策理论方法方面的专著。与同类书相比,本书具有以下几个创新特点:第一,研究对象面向突发性灾害事件应急管理的核心,即应急物资分配决策的原理和方法研究。第二,理论研究部分论述应急物资分配决策的内涵和特点,分析应急物资分配决策的过程特性,找出决策过程中的关键环节。第三,方法研究部分针对几个关键环节,着重论述应急物资需求预测模型、应急物资最优分配模型和分配效果评价模型。本书可为高等院校、科研院所从事应急和风险管理、公共管理、物流管理等专业的教师、研究人员和研究生提供参考,也可供政府应急救援和管理部门的技术人员参考。

浙江大学管理学院教授、博士生导师　刘南

2015 年 7 月 1 日写于杭州

前　言

　　突发性灾害事件在中国及全球范围内频发,对社会经济造成了极大破坏,应急管理及相关决策支持系统的研究和开发已经成为应对日益严峻的突发性灾害事件的迫切需要。由于应急物资分配是突发性灾害事件救灾的关键,作为应急管理和应急物流管理的重要分支,应急物资分配决策的研究已经成为国内外学术界研究的热点问题。

　　本书首先在分析当前国内外关于应急决策和应急物资管理的研究现状的基础上,提出了能有效保障突发事件应急救援的应急物资需求的基于全过程的优化分配决策思路;然后深入研究应急物资管理及应急物资分配决策的科学内涵,剖析应急物资分配决策的特点和决策过程;最后对需求预测、分配决策和方案评价整个决策过程进行系统研究,为应急决策机构和人员提供了应急物资分配的预测模型、分配决策模型、评价模型以及相关算法。

　　本书的研究内容与创新点主要包括:

　　(1)应急物资分配决策特性分析

　　研究应急物资分配决策系统的内涵以及构成要素,从系统构成要素的角度研究应急物资分配决策的特点,设计了应急物资分配决策过程。认为应急物资分配决策是一个动态的决策过程,应急物资分配决策系统是一个由多个阶段组成的循环系统。每一个决策周期,应该包含完整的信息收集、分配决策、方案评价、方案实施四个阶段。

　　(2)应急物资需求预测模型研究

　　总结应急物流情景下与一般物流情景下的物资需求预测方法的不同之处,提出在突发性灾害事件发生后的黄金救援时间内,对应急物资需求预测应该采用间接预测的方法,即先预测伤亡人口数量,再预测应急物资需求量。设计了需求预测的四个步骤,包括定性分析伤亡人口相关因素、定量分析伤亡人口相关因素、BP(Back Propagation)神经网络模型预测伤亡人口数量和应急物资需求预测。针对预测过程中的四个步骤提出系列模型,并以大型地震中应急物资需求预测为例对各个步骤进行了阐述。

(3)应急物资最优分配模型研究

模型研究分三个阶段进行:

第一阶段是拥有二级节点网络的分配模型的构建。针对救援物资在短时间内不能全部满足灾害事件产生的应急需求,提出不完全扑灭灾情的策略,构建了以受灾点为局中人,以分配方案为策略集的完全信息非合作博弈模型。为了解决节点和分配量过多导致策略集过大的问题,采用分步规划法,即第一步以响应时间最短为目标对受灾点独立进行初始分配,第二步针对发生冲突的受灾点建立博弈模型。通过构建适应度函数,提出用粒子群优化算法求模型的纳什均衡解。用一个数值算例来验证模型的有效性,结果表明该模型在解决供需不平衡的应急物资分配问题时,可以兼顾救援中的效率与公平,反映出较好的救灾效果。

第二阶段在由多个应急物资救援点、多个受灾点组成的二级节点的分配网络的基础上,提出具有多种物资组织策略的分配网络。构建了以受灾点系统损失最小为目标,考虑公平约束、需求量约束、供应约束、动力约束等约束的应急物资分配决策模型,该模型的决策变量是三维决策变量,解决从不同救援点到不同受灾点运输不同应急物资的运输量是多少的问题,模型中构造的系统损失函数考虑了各种应急物资的重要性和各受灾点对物资的需求紧迫性,以及受灾程度。在理论上证明了该模型是凸规划后,提出用 Matlab 优化工具箱的fmincon 函数求解模型的思路和具体步骤,这种求解方法具有速度快且没有初解依赖性,能够得到全局最优解的优点,最后用一个算例证明模型和求解方法的有效性。

第三阶段是拥有三级节点网络的分配模型构建。综合考虑我国应急管理实践、应急响应时间限制,以及应急物资分配中的公平要求,在三级应急物资运输网络的基础上,建立了以系统损失最小为目标的应急物资分配决策模型。针对模型的整数非线性规划的特点提出了改进粒子群(Particle Swarm Optimization,PSO)算法,通过在不同维度上确定不同学习对象,加强了粒子的空间搜索能力。数值算例验证了模型和算法的有效性。

(4)应急物资分配方案评价模型研究

首先分析了对应急物资分配方案评价应遵循的原则,分析公平与效率之间的辩证关系,认为对应急物资分配方案的评价应强调公平原则;然后分析公平、公平分配的含义,以及应急物资公平分配的内涵;最后建立了计算简便、容易理解且性能较好的应急物资分配决策方案公平测度模型。该模型考虑了受灾点的不同需求量要求以及对物资的不同需求紧迫程度,并应用模型对三级节点算例的分配方案进行评价。

(5)应急物资分配决策对城市安全防灾规划的影响研究

把应急物资分配的主要因素考虑到事前的防灾规划中能起到事半功倍的效果。各种突发性灾害事件对城市的影响效果被非线性扩大,城市的安全防灾规划更应加强。以东日本大地震的应急救援为案例,分析日本在城市安全防灾规划中应急物资储备库建设、应急物资储备、城市防灾绿地建设等方面的深刻教训和成功经验,对我国各大城市在制定安全防灾规划有着十分重要的启示和借鉴作用。提出我国要充分重视城市安全防灾规划中的应急物资分配问题,加强城市应急物资的储备与管理,做好应急物资储备库、防灾绿地的选址和建设工作。

对上述问题的研究,可以为突发性灾害事件下的应急物资分配决策提供科学依据,从而提高应急物流及应急物资保障系统的运作效率,减少由于灾害造成的人员伤亡和财产损失。

本书研究内容是在国家自然科学基金面上项目"城市应急物流不完全扑灭的多商品分配问题研究(70771100)"、国家自然科学基金重大研究计划培育项目"基于组群信息刷新的非常规突发事件资源配置优化决策(90924023)"、浙江省哲学社会科学规划课题重点项目"突发性灾害事件下应急物资分配决策过程研究(12JCGL01Z)"、杭州市哲学社会科学规划课题重点项目"城市应急物资分配博弈模型研究（A11GL02）"等资助下完成的。在本书研究和写作过程中,浙江科技学院经管学院管理科学与工程系的同事给予了莫大的支持和帮助,在此深表谢意。

本书在写作过程中参考借鉴了部分国内外有代表性的研究成果,作者已尽可能在参考文献中列出,在此对这些研究学者表示真挚的感谢!

限于作者的学术水平,书中不足之处恳请同行和读者不吝指正。

庞海云

2015 年 6 月于浙江科技学院

目 录

表目录

图目录

第一章　绪　论

第一节　研究背景、意义及目的

一、研究背景

灾害事件，是指由自然因素、人为因素或二者兼有的原因所引发的对人类生命、财产和人类生存发展环境造成破坏损失的现象或过程，以及对人类生存发展及其所依存的条件和环境造成严重危害的非常事件和现象。按照灾害的形成过程长短，灾害可分为缓发性灾害和突发性灾害两大类：前者是指发生过程较长的灾害，如水土流失、土地沙漠化、干旱等灾害；后者是指迅速发生的灾害，如地震、洪水等灾害。由于突发性灾害事件对人类社会所造成的危害在短时间内发生，容易产生巨大的不良影响，所以人类如何从科学的意义上认识这些灾害的发生、发展以及尽可能减小它们所造成的危害，已是国际社会的一个共同主题。

最近一个世纪以来，各种灾害事件发生的周期明显缩短，发生频率显著升高，"五十年不遇"、"百年一遇"等历史上反映自然灾害灾情重大的词汇已经让人见惯不惊了，还有难以计数的各种人为灾害事故更是经常袭击着全球。就在刚刚过去的 2014 年，全球范围内便发生了乌克兰暴力冲突事件、马航 MH370 航班失联、马航 MH17 航班在乌克兰被击落、智利沿海发生 8.2 级强震并引发海啸、韩国"岁月号"客轮沉没、台风"威马逊"在海南和广西一带造成的特大洪水灾害、巴基斯坦南部洪水、泰国特大洪水灾害、阿富汗东北部山体滑坡、中国台湾复兴航空 GE222 航班迫降失败坠毁澎湖等一系列重大突发性灾害。在突发性灾害面前，当今世界已经难有置身事外的国家或地区。作为历史上第二大巨灾事件的 2011 年东日本大地震,已经成为 2011 年度巨灾保险事件的显著标志,极大地拉高了世界保险业的赔付额度。而新西兰基督城地震、澳大利亚洪水和美国超级龙卷风等灾害造成的巨大损失,其程度也达到了十年甚至数十年一遇。

在全球各国,应对突发性灾害事件的管理工作都被提升到国家层面。

如美国于 1979 年成立联邦紧急事态管理局(Federal Emergency Management Agency,FEMA),于 2003 年并入国土安全部,是政府实施联邦紧急反应计划的主要职能部门,除 FEMA 外,还有 26 个联邦政府的部局机构按联邦应急计划的规定负有紧急支援职责。20 世纪 50 年代以来,美国先后制定颁布了《灾害救助和紧急援助法》、《国家地震灾害减轻法》、《紧急状态法》、《恐怖主义风险保险法》和《国土安全法》等一系列法律,将全国的突发事件应急管理纳入了法制管理体系。

又如日本建立了包括中央国土厅救灾局、地方都道府和市、乡、镇的三级防救灾体系,按照防卫(属于战争状态法范畴)或非防卫(属于非战争状态法范畴)的分类,把紧急状态分解到《应对外来武力攻击法》、《灾害对策基本法》等法律中。

又如,德国联邦和各州政府 2002 年就"德国保护公民的新战略"达成一致,主要强调了联邦和州在遭遇灾难时抢救公民的共同责任,保证通力合作,最大限度地发挥地方、州和联邦以及各种民间救援团体的救灾能力,并于 2004 年 5 月成立了隶属于内政部的联邦公民保护与救灾署。德国没有一部统一的紧急状态法,现行的紧急状态制度是由 1968 年 6 月 24 日的《基本法第 17 次修改法》(即所谓的"紧急状态宪法")规定设立的,根据基本法的规定,先后制定了一系列单行法。

再如,俄罗斯建立了应对突发公共事件的各种法律、法规及管理机制,在这种管理机制中,总统是决策的绝对权威,联邦安全会议是安全事务的常设机构,支持和保障系统是处置危机的直接机构,俄罗斯这种应急管理机制确保了在解决突发性灾害事件时的快捷和高效。其应对紧急状态的法律有《俄罗斯联邦紧急状态法》、《俄罗斯联邦战时状态法》、《俄罗斯联邦反恐怖活动法》,紧急状态法启动以后即成为"小宪法",在其统领之下又有很多具体的部门法规范。

我国幅员辽阔,各种自然灾害种类多、频率高、强度大,呈现这样的特点是由于以下几个客观事实的存在:位于环太平洋地震带与欧亚地震带这两大地震带之间的特殊地理位置,且研究表明,我国所处位置的太平洋板块和印度洋板块每年都在进行较大幅度移动;我国地域辽阔,地形地貌类型复杂,多种地质灾害如崩塌、泥石流、地面塌陷等灾害多发;我国地处东亚季风区,气候复杂多变,各种气象灾害如洪涝、台风、高温、沙尘暴等灾害时有发生。就是因为这些特殊的地理位置和地形地貌决定了我国灾害不断。历史上，曾经出现"三岁一饥，六岁一衰，十二岁一荒"，近年也年年大灾：2006 年台风"桑美"袭击东南沿海，2007 年超强台风"圣帕"肆虐南方七省，2008 年南方雪灾，2008 年汶川 8.0 级强地震，2010 年青海玉树 7.1 级强地震，2010 年甘肃盘曲特大山洪泥石流。这些重大灾害事件一次次紧绷着人们的应急神经，应急工作一刻不能放松。

近年来，社会关注应急管理，该项工作得到党和政府的重视和支持，加大了政策和经费的投入。同时，建立了全面灾害管理组织体系，该体系既有应对各种灾害的综合协调管理机构设置，又有按灾害类型细分的专业管理机构，既有中央层面的管理组织机构，又有地方和基层的管理组织机构；完备了相关法律和法规的建设，于 2007 年 8 月 30 日举行的中华人民共和国第十届全国人民代表大会常务委员会第二十九次会议通过了《中华人民共和国突发事件应对法》，该法自 2007 年 11 月 1 日起已经全面施行；加强了应急预案的制订，国务院已于 2006 年 1 月 8 日发布了《国家突发公共事件总体应急预案》这一全国应急预案体系的总纲，而后各省、市、县也相继根据总体预案制订了适合于本地方的应急预案。

由以上分析可以看出，无论是在国际还是在国内，应急管理及相关决策支持系统的研究和开发已经成为应对日益严峻的突发性灾害事件的迫切需要，在这种大的实践背景下，本书的研究内容作为应急管理和应急物流管理的重要分支，已经成为国内外学术界研究的热点问题。

二、研究意义

(一)突发性灾害事件频发，对社会经济破坏影响力大

突发性灾害事件给人类社会造成了巨大损失。根据联合国减灾署最近一次(2013 年 5 月)发布的报告，进入 21 世纪以来的 13 年间，自然灾害造成的经济损失达 2.7 万亿美元，全球有 29 亿人受到不同程度的影响。印度洋海啸、东日本大地震、汶川地震、海地地震、桑迪飓风等自然灾害频繁发生，而且程度也更加猛烈。

我国民政部统计的 2014 年全国自然灾害情况表明，2014 年全国发生的各类自然灾害一共造成了 2.4 亿人次受灾，其中有 1583 人死亡，235 人失踪，紧急转移安置 601.7 万人次；灾害导致房屋倒塌 45 万间，损坏 354.2 万间；有 2489.07 万公顷面积的农作物受灾，绝收面积达到了 309.03 万公顷；灾害造成直接经济损失达 3373.8 亿元。纵观近几年的数据，这些突发性灾害事件给社会经济带来的破坏一年比一年严重。

一些典型重大突发性灾害事件对社会经济造成的破坏力和损失影响力则更大。如2008年年初,我国南方大部分地区发生了低温、雨雪、冰冻灾害,这次灾害的降温幅度之大、降水之多、持续时间之长和灾害损失之重均达到了几十年不遇,灾害造成直接经济损失1516.5亿元。又如2008年5月发生在四川省汶川县的8级地震,伤亡人数仅次于1976年唐山7.8级地震,直接经济损失8523.09亿元,其经济损失、救灾难度之大为历史罕见,是新中国成立以来灾害性最为严重的地震。

(二)科学合理的应急物资分配是突发性灾害事件救灾的关键

应急系统一般包括应急救援体系建设、应急预案编制技术、应急预案评审技术、应急学习与评价技术和应急决策支持系统等关键技术,在作为技术核心的应急决策支持系统中,应急物资分配是关键。

应急物资是指为应对严重自然灾害、突发性公共卫生事件、公共安全事件及军事冲突等突发公共事件应急处置过程中所必需的保障性物资(百度百科,http://baike.baidu.com/view/2101110.htm)。突发事件应急救援所需的物资通常包括突发事件现场指挥所、资源集结区以及其他一些应急需要的大量物资。在任何突发事件中,应急救援物资是抗灾救援工作中最重要的基础和保障。应急物资保障系统涉及诸多环节,如仓储点的布局、物资的采购筹措、物资规模数量控制、物资的品种分类、物资结构的调剂、物资包装整理、运输工具的调度、交通路线的规划、物资的装卸搬运、灾区物资保管场所划定、物资配送分派、物资管理责任承担等,这些环节的工作效率、质量直接影响到救灾物资的保障效果。

自然灾害特别是巨大灾害发生后,尽快完成分配什么物资、如何分配物资、分配多少物资、需求实现多少等工作是非常重要的。因此,科学分配应急物资是抗灾救援工作的一个非常重要环节。事实上,应急救援物资分配工作在我国历次极端自然灾害的抗灾救援中扮演了十分突出的角色,如青海玉树"4·14"抗震救灾中,应急物资分配就发挥了不可替代的重要作用。国内外抗灾救援的实践证明,科学有效地分配应急物资,使物资分配的时间和成本降至最低限度,实现时间效益最大化和灾害损失最小化的目标,这对于做好抗灾救援工作会起到十分关键的作用。为进一步提升应急物资在抗灾救援中的科学分配水平,应不断加强和改进有关方面的工作,以进一步扩大和提高救灾成效。

(三)当前应急管理经验不足,专门研究滞后

在我国,应急管理已经上升为国家关注层面。但是相对而言,突发性灾害应急管理没有得到足够重视,与突发性灾害产生的应急需求不相适应。各级决策者在致力于提升社会经济发展、维护社会秩序稳定和提高人民生活水平的同时,在一定程度上忽视了可能发生突发性灾害带来的潜在危机以及应对策略。有的地方,虽然实现了行政级别上的"升级",而没有对应急管理系统进行"更新换代",以至于存在应急机制不完善、应急网络不健全、应急手段比较落后等严重问题。一旦发生灾害事件,由于缺乏科学预测和先期预案,"应急神经"就会显得反应迟钝,决策者往往不能快速做出科学、高效的救灾决策,难以使灾害损失及时降到最低程度。

尽管在国家的重视下,各省市已在突发性灾害事件的预测、预防和应急体系建设方面取得显著成效,但应急机制、法律法规、物资储备及响应等方面仍暴露出明显不足。特别是假设发生如日本地震引发火灾、海啸、核泄漏等系列重大灾害情况时,各省各地区如何分配救灾减灾的应急物资,来应对全省各地区多处遭受如此大规模突发性灾害事件,这有赖于通过专门的研究来提升应对能力。在大力推进经济、社会、生态协调科学发展进程中,各地应当重视抓好应急管理的研究和部署,切实提升灾害事件应急处理能力,使各地成为"宜人化"生存生活空间。

综上,本书研究的意义体现在:首先,从应急物流及其物资分配在突发性灾害事件应急响应中的实际需求来看,本书的选题对应急物流中应急物资分配决策的制定及应用具有理论指导意义;其次,从应急物流及其物资分配所在学科理论的国际前沿研究角度来看,本课题选题具有一定的前瞻性,其理论研究成果可推广至其他非应急管理领域,如供应链管理、项目管理等,具有一定的适用性和推广价值。

三、研究目的

本书的研究目的是深入探讨突发性灾害事件下的应急物资分配决策问题,提出基于应急物资分配决策全过程的优化分配决策方案,从应急管理者的角度,研究应急物资分配决策的特点和决策过程,对由需求预测、分配决策、方案评价等要素组成的决策过程进行系统研究,为应急决策机构和人员提供有关应急物资分配的预测模型、优化决策模型、评价模型以及相关算法,为突发性灾害事件下的应急物资分配决策提供科学依据,从而实现提高应急物流及应急物资保障系统的运作效率,减少由于灾害造成的人员伤亡和财产损失的目的。

总体上看,本书可以分解为理论与模型研究、算法研究与数值模拟分析两大部分:

(一)理论与模型研究

理论与模型研究部分主要研究应急物资分配决策的内涵和特点,以及应急物资分配决策过程,在此基础上提出应急物资需求预测模型、应急物资最优分配模型、应急物资分配方案评价模型。这三类模型是以最优分配模型为核心的一个有机整体,需求预测模型是最优分配模型的研究基础,而用分配方案评价模型来检验最优分配模型的优劣,三者缺一不可。

(二)算法研究与数值模拟分析

算法研究方面,根据所建模型的特点,分析求解思路,设计优化算法。数值模拟分析方面,针对不同模型,设计不同的案例,设定模型中的参数,用设计好的算法进行模拟计算,从而验证模型和算法的有效性。

第二节 主要研究内容、研究方法和技术路线

一、主要研究内容

本书运用物流系统理论、福利经济学、灾害经济学、公共突发事件管理理论,并结合地区交通路网模型,在相关研究成果分析的基础上,主要研究面向突发性灾害事件的应急管理的核心:应急物资分配决策原理、方法研究。具体包括:

(一)应急物资分配决策原理研究

分析应急物资分配决策的内涵和特点,特别是与常规物资分配决策从决策主体、决策目标等系统构成要素方面进行比较。分析应急物资分配决策的过程特性,找出应急物资分配决策的关键环节,从而提出全书研究的总体思路。

(二)方法研究之应急物资需求预测模型

首先对现有关于应急物资的需求预测的研究进行系统总结,分析现有研究方法的优缺点,从而总结出在应急物流情景下与一般物流情景下的物资需求预测方法的不同之处;然后提出在突发性灾害事件发生时的黄金救援时间内如何快速有效地对应急物资需求进行预测的模型。

(三)方法研究之应急物资最优分配模型

鉴于模型的复杂性,为使分析简化,本书将科学问题按照网络节点分解为二级节点和三级节点物资分配问题,其中二级节点物资分配问题又分解为固定物资组合分配和不固定物资组合分配两种情况,在对二级节点物资分配模型的深入分析的基础上,推广到三级节点物资分配模型。在这些应急物资分配模型中,均在应急管理、应急决策理论和交通路网模型等理论的基础上,建立了以"应急响应时间最早"、"系统损失最少"为目标的应急物资分配模型。

(四)方法研究之应急物资分配效果评价模型

首先对应急物资分配效果评价进行定性研究,分析评价原则;然后定量研究,选择计算简便、容易理解,且性能较好的评价指标及计算模型。

(五)针对以上模型研究最优算法,并进行算例分析

分析各模型的最优性条件,选择适用的优化算法,对其收敛性、有效性以及计算时效进行分析;利用各种模型的特点,挖掘其解的性质,逐步设计快速有效的近似算法,牺牲少许"解的质量"来换取"宝贵的时间",因为在应急决策中快速的反应是至关重要的。结合算法理论和实际应用评价算法的优劣。

二、研究方法和技术路线

在对课题背景资料收集和整理、相关理论与文献评述研究的基础上,本研究的基本思路为:深入研究应急物资分配决策的内涵、特点及决策过程特性等决策原理,重点研究决策过程中的三个关键环节要使用的决策方法,具体包括提出适合突发性灾害事件应急救援黄金时间内的应急物资需求预测方法;以"应急响应时间最早"、"应急损失最少"为优化目标,将科学问题从节点级数角度进行分解,建立应急物资分配模型;综合考虑评价原则和评价指标,提出物资分配效果评价模型;最后将三个研究内容有机整合,进行模拟研究,形成开发应急物资分配决策支持系统的理论基础。

技术路线按照提出问题、分析问题、解决问题的思路来进行,关键技术路线如图 1.1 所示。

三、全书结构

根据研究目标和研究内容,本书结构包括以下 8 章内容,其主要内容如下:

第一章为绪论。主要阐述本书的研究背景、研究意义以及研究目的,介绍全书的研究内容和研究方法,以及本书研究的技术路线,全书各章的结构安排及研究创新点。

第二章为国内外相关研究概况及评述。总结国内外相关领域研究现状,分析研究的特点和不足之处,介绍本书研究的重点和难点。

第三章从决策理论角度详细分析了应急物资分配及应急物资分配决策系统。具体包括:研究应急物资分配决策系统的内涵以及构成要素;详细分析应急物资分配决策与常规物资分配决策的区别;从构成要素的角度研究应急物资分配决策的特点;设计了应急物资分配决策过程,认为应急物资分配决策是一个动态的决策过程;在对决策过程分析的基础上,提出本书后续章节的重点,包括三个内容:应急物资需求预测(第四章)、应急物资分配模型(第五、六、七章)

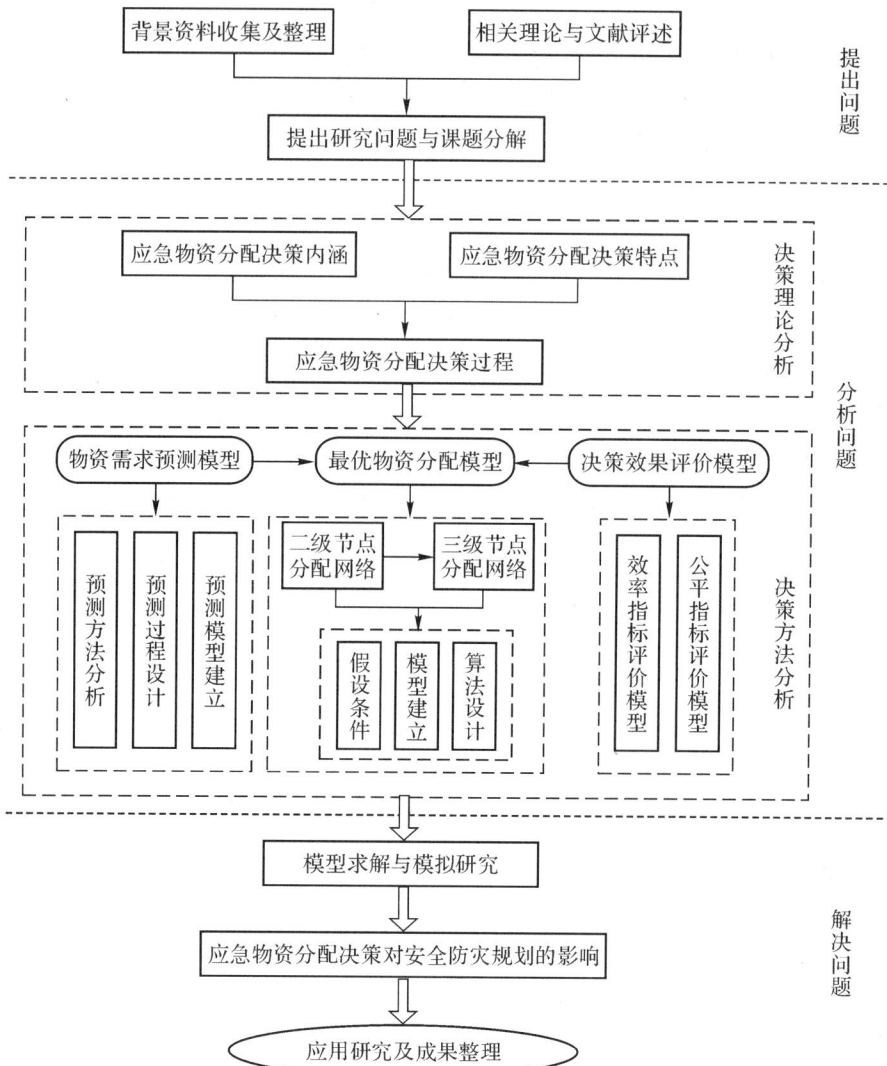

图 1.1 本书研究的技术路线

和分配方案评价(第八章)。

第四章首先提出了应急物资需求预测的思路和步骤,随后以大型地震中应急物资需求预测为例对四个步骤进行了阐述:在定性分析与灾区人口伤亡相关的因素时,提出在地震灾害中人口伤亡预测时要考虑的影响因素;在定量分析与灾区人口伤亡相关的因素时,用灰色关联分析法计算影响因素与伤亡人口之间的关联度,通过对关联度排序,确定对伤亡人口影响较大的因素;BP 神经网络模型预测灾区人口伤亡数量时,设计了三层 BP 网络,在设定了训练目标和训练次数后,对样本数据进行了网络训练,通过测试样本测试训练好的网络的性能,计算预测误差,最终得出用 BP 神经网络模型能够达到实际预测的要求;灾区应急物资需求量预测时,根据伤亡人数、物资种类、季节差异和地区差异四个因素提出了预测模型。

第五章研究在具有二级节点的应急物资分配网络的基础上如何构建分配决策模型的问题;提出用博弈论方法研究应急物资分配的新的研究思路;设计了基于不完全扑灭策略的应急物资分配算法,重点构建了完全信息非合作博弈模型;最后通过构建适应度函数,提出用粒子群算法求解模型的思路;用一个算例证明该算法能解决多个受灾点对物资需求的冲突,实现合理地分配应急物资的目的。

第六章研究由多个应急物资出救点、多个受灾点组成的二级节点分配网络的具有多种物资组合策略的应急物资分配决策问题;构建了以受灾点系统损失最小为目标,考虑公平约束、需求量约束、供应约束、动力约束等约束的应急物资分配决策模型;理论上证明了该模型是凸规划后,提出用 Matlab 优化工具箱的 fmincon 函数求解模型的思路和具体步骤;最后用一个算例证明模型和求解方法的有效性。

第七章主要研究了具有三级节点的分配网络下的应急物资分配决策问题。首先,根据应急管理实践和相关文献构建了具有应急物资集散点、应急物资配送中心和受灾点的三级节点的分配网络;其次,在总体思路下,提出相关假设,构建了以受灾点系统损失最小为目标,考虑公平约束和应急响应时间约束的应急物资分配决策模型;最后,针对混合整数非线性规划模型的特点提出了 PSO 算法的改进策略,即采取能在不同维度上选择不同学习对象的全面学习策略,利用惯性常数控制群体"爆炸"现象等措施。并用数值算例表明 PSO 改进算法比其他算法表现出较好的有效性和稳定性。

第八章主要研究了应急物资分配方案的评价问题。首先,分析了对应急物资分配方案进行评价应该遵循的原则,讨论了公平与效率之间的关系,特别指出对于决策主体和决策目标不同于常规物资分配决策的应急物资分配方案的评价更应该强调公平原则;其次,深入分析了公平及公平分配的含义,在总结相关学者的研究成果基础上,提出应急物资公平分配的内涵;最后,针对具有需求量要求及对物资需求紧迫程度不同的应急物资分配方案的公平评价设计算法模型,分析公平指标的定义和性质,并应用于第七章的数值算例的方案评价。

第九章从灾害经济学的角度提出如果能在灾前的防灾规划中就把影响物资分配的因素考虑进去,能起到很好的防灾减灾效果。首先分析了城市安全防灾规划的重要性,目前各国在城市安全防灾规划方面的研究和发展状况;其次分析在东日本大地震中日本在防灾规划方面的经验和教训;最后提出我国在城市安全防灾规划中考虑应急物资分配的实现途径。

第十章为本书的研究结论与研究展望。对本书的研究成果进行系统总结,并指出值得进一步深入研究的问题,从而提出了今后研究的方向。

第三节　研究创新

一、研究视角与理论观点的创新

本书的创新主要体现在立足相关学科前沿,剖析科学问题的内涵。本书运用物流系统理论、福利经济学、公共突发事件管理理论、优化决策理论等学科和研究领域的前沿成果,以管理学家西蒙的决策理论为基础,从系统构成要素的角度分析应急物资分配决策的特点,设计了应急物资分配决策的动态决策过程,其中包括三个关键环节,即应急物资需求预测、应急物资最优分配、分配效果评价。认为三个环节是有机结合的,不应孤立地去研究。在需求预测方法及预测模型的选择上,要考虑应急物资的需求种类、需求特点以及需求信息源与一般商业物流需求的不同;物资分配决策与交通路网结合,设计适合实际操作的决策制定方法;物资分配效果的评价模型用来验证分配决策的有效性和科学性。这种基于决策全过程理论的研究进一步丰富了应急物资分配决策研究的内容。

二、研究内容与研究方法的创新

认真研究现有相关文献,分析现有研究的研究成果,在开拓研究内容和研究方法方面均有所创新:

(一)研究内容创新

分析应急物资管理及应急物资分配决策的内涵和本质,探讨了应急物资分配决策的特性(如决策主体、决策对象、决策模式和决策目标等方面的特性),对应急物资分配决策过程中的三个关键子问题,即应急物资需求预测问题、应急物资分配决策、应急物资分配方案评价,依次进行深入研究,在研究物资分配决策模型时把科学问题分解为从简单网络到复杂网络过渡的研究内容。

(二)研究方法创新

研究物资需求预测模型时,设计了需求预测的四个过程,并以大型地震中应急物资的需求预测为例,建立了过程预测的系列模型。依次研究了基于灾害系统结构的灾区伤亡人口相关因素的定性关联分析、基于灰色关联分析的灾区人口伤亡相关因素的定量关联分析、基于 BP 神经网络的灾区人口伤亡预测模型,以及基于需求物资种类的灾区应急物资需求量预测模型。

研究二级节点网络应急物资最优分配模型时,考虑交通路网模型与博弈理论模型相结合的方法,构建了完全信息非合作博弈模型,设计了不能完全扑灭灾情情形下的应急物资分配算法,研究三级节点网络应急物资最优分配模型时,构建了以灾害系统损失最小为目标,考虑公平约束和应急响应时间约束的应急物资分配决策模型,并为其设计了改进 PSO 算法。

研究分配效果评价模型时,构建了针对具有不同需求量要求及对物资需求不同紧迫程度的应急物资分配方案的公平测度模型,并用模型对三级节点算例的分配方案进行评价。

第二章　相关理论与文献综述

本书研究的问题是应急物资分配决策。本章在明确应急物资分配在应急管理体系中的位置(第一节)后,对现有相关文献进行综述,文献综述分为四个部分(第二节至第五节)。

根据管理学几大理论学派分类,应急物资分配决策属于应急决策理论,根据研究对象的范围分类,应急物资分配决策属于应急物资的管理理论,则综述的第一部分(第二节)和第二部分(第三节)就从这两个角度分别来讨论目前国内外研究现状;根据本书研究总体思路,应急物资需求预测和应急物资分配方案评价是应急物资分配决策的重要环节,文献综述的第三部分(第四节)和第四部分(第五节)则针对这两方面的研究现状来展开。

第一节　应急物资分配在应急管理体系中的位置

自 2003 年"非典"发生以来,应急管理理论的研究和应用逐渐成为一个热点研究领域。在百度网站输入"应急管理"作为关键词搜索相关网页,可以找到 796000 个,在中国知网(China National Knowledge Infrastructure,CNKI)数据库输入"应急"作为题名搜索,可以找到 350342 篇论文,其中博士论文有 4336 篇(截至 2015 年 6 月)。

在国内,应急管理理论及其应用研究成为多个高校学术团队和研究机构的研究重点,对应急管理体系的组成和运行机理,已经有多种不同解释。例如陈安等(2009)认为现代应急管理体系包括 13 个不同组成模块,分别为资金保障模块、资源支持模块、制度环境模块、机构关系模块、功能设计模块、基础概念模块等,其中资源支持模块的资源包括人力资源、物资资源和心理资源。再如计雷等(2006)认为应急管理机制应由体系运行机制、预警机制、紧急处置机制、善后协调机制以及评估机制五大部分组成,并且针对可能出现的突发事件的各种特征,应建设一个各类突发事件专用的应急管理保障体系,该体系由五个子系统构成,如图 2.1 所示。

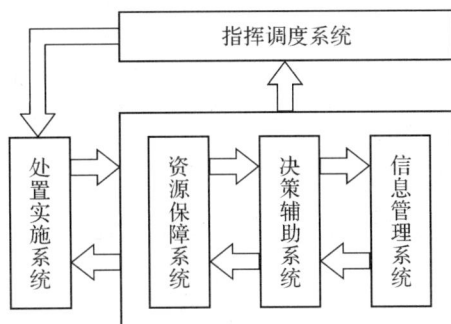

图 2.1 突发事件应急管理保障体系构成

资料来源:计雷,池宏,陈安,等.突发事件应急管理.北京:高等教育出版社,2006:42.

在这五个子系统中,指挥调度系统处于整个保障体系的核心地位,对整个体系负责,对其他系统行使指挥调度权力,应对突发事件。而处置实施系统是负责按照收到的指令实施具体行动的部门,保障指挥调度的迅速和正确实施。资源保障系统、决策辅助系统和信息管理系统分别从资源、方法和信息三个方面为指挥调度系统和处置实施系统提供全方位的支持。

由上图知,资源保障系统是应急管理保障体系构成中的一个关键子系统。因为应急资源包括人力资源和物资资源,所以应急资源保障子系统的资源管理包括应急物资资源管理(简称应急物资管理)和应急人力资源管理。其中应急物资保障是对突发事件的处置提供具体物资,并对整个保障系统的运行提供物质基础帮助的系统,这里的应急物资指的是一个内容广泛的概念,它包括突发事件的预防、救援和恢复等环节所需要的各种救援物资、应急设备和设施等,如消防设备、医疗急救设备和药品、照明装备、救生圈、救灾帐篷、食品等。该应急物资保障系统主要负责应急物资配置与储备、应急物资的维护和补充、应急物资信息库的建立和维护、应急物资的快速调用和补偿以及应急物资的运输和采购。这个系统关于应急物资的选址、配置、调度、分配、存储和补充构成了如图 2.2 所示的一环扣一环的完整体系。

在这个管理体系的六个环节中,我们又可以根据运作的时间不同,分为三组。

1.应急物资的选址和配置

这两个环节在灾害发生前的应急准备阶段进行。应急物资的选址是指为

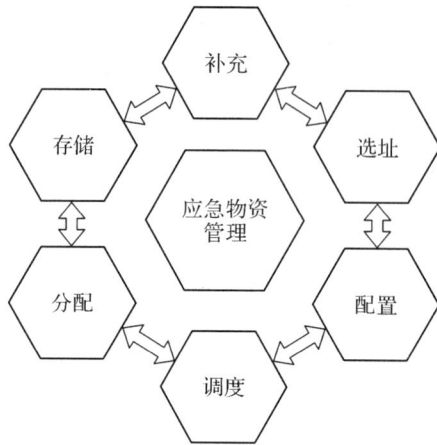

图 2.2　应急物资管理体系

资料来源:陈安,陈宁,倪慧荟,等.现代应急管理理论与方法.北京:科学出版社,2009:232.

了降低运输成本,保证应急救援的及时性,降低灾害进一步发展的可能性,最大限度减少人员伤亡和经济损失,将应急物资安置在合理的位置。选址决策对于应急物资管理非常重要,选址时要遵循一些原则,如在我国《城市消防规划建设管理规定》中规定,城市消防责任区的面积应取 4～7 平方公里,要求消防站至责任区最远处的行车时间不超过 5 分钟,再如要考虑服务范围内的灾害事件的种类和相应级别以及区域的人口数量等。

应急物资的配置是指在对灾害发生趋势和影响范围的预测基础上,结合对一些如速度、方向、范围等参数的估计,建构与灾害事件发生、发展直到结束的整个过程相适应的多灾种、多物资的动态应急物资优化配置方案。在进行应急物资配置时要遵循的原则有:配置物资的种类应根据应急服务中心的性质来确定;配置物资的数量根据可能的突发事件的类型和规模以及应急服务中心的承载力来确定;做配置决策时要最大限度地发挥应急物资的效用,避免浪费。

这两个环节之间存在互相支持、互相影响的紧密关系。如应急物资服务中心的性质、数量和密度直接影响每个服务中心的物资的种类和数量。

2.应急物资的调度和分配

这两个环节在灾害发生后的应急救援阶段进行,这两个环节的基本任务是在最短的时间内同时将各种物资从不同的位置相继运送到多个受灾点。

应急物资的调度是指在突发事件发生后,确定参与应急救援的应急物资配置中心及相应的应急物资数量和运输行驶路线,即如何尽快地把物资运送到指定的灾害发生区。应急管理中的物资调度的目标与商业物资调度不同,不能单纯追求利润最大或成本最小,而是要考虑物资的时效性,以反应时间最短为首要原则。应急物资的调度还具有动态性,因为物资需求种类和需求量会随着时间的变化而变化,因此物资的调度也不可能一次性完成,而是需要根据上一次的救援效果反馈来决定下一次的调度决策,多阶段进行。对应急物资的调度不是单一的政府行为,而是需要全社会各个部门的协作和配合。

应急物资的分配是指在应急物资调度的基础上,根据受灾情况的差异确定需求程度,在最短的时间内将物资从不同的救援点合理分配给多个受灾地。在很多情况下调度和分配这两个环节几乎不能很清楚地划分,往往是同时完成的。在一次灾害事件中,不同受灾点的受灾情况不同,应急物资的需求程度也不同,因而分配的物资种类和数量也应有所不同。随着灾害事件的发展演化,灾区的性质也会发生变化,有些灾区可能由轻灾区成为重灾区,因此分配方案也要动态调整。在物资分配过程中同样需要社会各部门之间的协调合作,从全局出发,统一安排。

本书主要研究的内容即是以应急物资的分配决策为主,也包括一些调度决策,即确定受灾点的需求由哪个或哪些救援点来供应,各供应多少的决策问题。

3. 应急物资的存储和补充

这两个环节贯穿在灾害的整个发生和发展过程中。

应急物资的存储是指在正式投入使用应急物资前,为了最大限度地保持其使用价值,对其合理地进行存储。突发事件发生的时间、地点和影响范围没有任何规律可循,任何人、任何国家对潜在突发事件都不可能有准确的预判,亦不可能做到未雨绸缪。所以,对处置突发事件所需的应急物资必须普遍储备,以保证有备无患,宁可备而不用,不可用时不备。中国古代的战备名言"兵马未动,粮草先行",强调战备物资的重要性,面向各种非常规突发事件的应急物资储备亦是如此。没有应急物资可供调配,即使再高明的领导和指挥,也难为"无米之炊",各种应急反应的实际效果将大打折扣。应急物资储备需要一定的成本,如采购费、仓储费、保管费和维护费等,要在满足储备要求的基础上尽可能降低成本。根据储备内容,可以分为实物储备、生产能力储备和技术储备。随着灾害事件越来越多,全社会都需要加强应急物资储备的工作力度。

应急物资的补充是指随着应急各类活动的开展,资源不断被转移和消耗,为了不影响后续的调度,各类库存数量不应低于警戒线,并对应急物资进行及时补充。为了完成物资补充工作,需要定期对应急服务中心的物资进行定期检查,及时更新性能下降、过期或者腐败的失去使用价值的物资。当突发事件发生后,由于大量应急物资被调度和分配,应急物资的补充就是一项非常困难的任务,不仅需要依靠政府组织的力量,更需要非政府组织、各类企业等全社会的力量来完成。

应急物资存储和补充这两个环节都属于后方的支持活动。

综合以上分析,资源保障系统是应急管理保障体系中重要的子系统,应急资源保障关系到突发性灾害事件应对工作的成败,而应急物资管理是应急资源管理的最主要的分支,应急物资的分配是应急物资管理体系中必不可少的关键环节,成为应急管理领域的重要研究内容。

第二节　应急决策相关研究

近年来世界各地频繁爆发的突发性灾害事件使得应急管理研究成为国内外管理学研究者研究的新热点,而应急决策是应急管理研究的核心内容。从研究内容上来讲,对应急决策的研究可以分为应急决策理论研究和应急决策方法研究两个方面。

一、国内研究现状

(一)应急决策理论研究

在国内,夏禹龙等(1989)较早对应急决策进行研究,在此研究中,作者首先指明应急决策是一种非程序化决策,应急决策时应该遵循一些原则,如在把握时机的前提下力求决策的科学性,权宜处置尽可能与战略目标相一致,以争取眼前利益为主,应急决策更多依靠领导者的知识、经验、智慧和魄力等,在指出这些原则的基础上,提出应针对不同情况,采取不同的决策。该文献从理论上对应急决策进行研究,为以后的学者和实践者指明了研究方向,但该文献研究的是基于广泛意义上的应急决策,而不是针对突发事件下的应急决策。

袁辉(1996)针对重大突发事件及其发生后的应急决策进行系统阐述,文献对重大突发事件进行了界定,并研究了其特性、发生过程和产生原因,之后对应急决策进行了定义,即"以重大突发事件为对象的决策问题"。分析了应急决策的特点,重点研究了应急决策的过程,即搜索处理信息、明确问题并确定目标、设计应急方案、评价和选择应急方案、组织和实施应急方案。

孙士宏(2002)讨论了地震之前短期与临震预报意见形成后是否发布,如何发布,发布后如何响应等一系列有风险的应急决策,以1975年的海城地震和1976年松潘地震为例,指出震前应该如何做好应急决策。

汪季玉和王金桃(2003)认为应急决策是危机管理的核心,做好应急决策支持系统是非常必要的,因为这样可以提高应急决策的有效性和效率,可以减少决策者的时间和心理压力。该文献以构建基于危机案例推理的应急决策支系统为重点,并着重分析了其核心部分的基于危机案例的推理机制,即研究危机案例如何表达、如何检索、如何进行适应性调整、如何管理等关键问题,从而从理论上论证了应急决策支持系统的应用价值。

佘廉等(2005)和吴国斌等(2006)研究了基于突发事件内涵的突发事件的演化模型,提出了突发事件应急决策需要研究的关键问题,这些问题包括突发事件演化路径与动力研究、突发事件演化中的耦合模式研究、突发事件演化系统的脆弱性研究和突发事件应急决策的特征模式和方法研究。

韩传峰等(2009)依据系统科学原理和决策执行过程,将突发事件应急决策系统分为决策目标系统、决策约束系统、决策实施系统、决策中枢系统四个子系统,各子系统之间通过信息流动和反馈,发生耦合作用,形成一个闭环系统。建立 SD(System Dynamic)因果反馈模型,研究应急决策动态调整机理,提出了应急决策系统优化建议,如建立科学的应急决策中枢系统、建立和完善实施系统、增强辅助决策能力和优化决策环境文化。该文献跳出了研究具体决策问题的框架,发展了应急决策生成理论和动态调整系统理论。

赵林度(2009)研究应急决策时引入直觉决策、相机决策和群决策的思想方法和协同理论,构建了城市群协同应急决策模式和城市群协同应急决策机制。从应激式决策者知识激发和协同式群决策知识激发的角度出发,提出了“应激—应急—应变”的决策模式,从城市应急管理组织机构和城市群应急管理主体协同研究的角度提出了“学习—应急—协同”的应急决策模式,进一步丰富了应急决策生成理论。

华国伟等(2011)研究了突发事件的内涵和特征,在此基础上提出了应急决策的研究框架,如对突发事件因素分析和发展演化机理研究、突发事件多属性智能决策研究、多阶段动态应急决策研究、多目标群体智能应急决策研究和不确定性多属性应急决策研究。该研究成果为应急决策研究指明了研究方向。

(二)应急决策方法研究

李元佳等(2003)提出了一种基于贝叶斯决策理论的应急决策优化方法,用来改善核事故中、晚期应急决策结果,最后将这种方法应用于大亚湾附近的一个地区的核事故案例中去,从备选方案中得到利益最大、代价最大的最优方案。但是这种方法只是纯粹从技术分析的角度来讨论,而没有综合考虑政治、社会、心理等因素对决策方案选择的影响。

曾伟等(2009)认为应急决策具有动态性、不确定性、多阶段性、多部门协调性等特点,对几种应急决策的关键理论和方法进行了总结,如基于模板的规划、组织决策协调、基于 MAS(Multi-Agent System)多 Agent 系统协调以及 MAS 马氏决策规划方法。根据逻辑程序与规划相结合的思想,研究了基于应急预案模板的应急决策规划方法,认为这种方法可以降低模型求解的难度。研究了基于应急处置任务的时间约束和资源约束的多 Agent 马尔柯夫决策建模和求解方法。

赵希男等(2009)认为突发事件的应急决策在决策目标、决策环境、决策主体方面具有差异,所以对应急决策的有效性应该基于个体特征进行评价。论文通过调查采访应急管理与决策分析领域的专家,归纳并构建了具有四级指标的评价指标体系以及多级个体特征识别模型,设计了基于每项决策的个体特征对所有决策的有效性进行代理评价的评价公式,最后把这种评价方法应用于地铁火灾事故的模拟仿真算例,证明了该方法为决策的有效性评价提供了一种具有可比性的标准,可以有针对性地提供改进决策有效性的建议。

姜艳萍等(2011)提出了一种对应急决策方案的动态调整方法。强调在突发事件应急决策中,需要考虑决策方案随突发事件的情景演变而进行调整的问题,用风险决策的方法,分析了随着突发事件的发展演化,受灾信息不断完善,决策者需要对已经执行的应急方案进行调整,这时应综合考虑先后执行的应急决策方案之间的相关性、方案的处置效果、转换成本和应对损失等因素,用风险评价的方法得到最优的调整方案。这种调整方法弥补了以往研究成果中单纯考虑选择或生成应急决策方案的不足。

值得一提的是,桂维民(2007)的专著《应急决策论》是专注于应急决策理论与方法的综合研究文献。在理论研究方面,该书结合应急管理理论与实践,对应急决策的内在机理、方法步骤以及技术规范进行了深入探讨,提出了应急决策管理网络模型。该模型强调政府为主体,政府与社会互联、互补、互动,即"一主三互"联动模式。在方法研究方面,该书运用定性和定量分析的方法使应急决策更具系统性和科学性。

二、国外研究现状

(一)应急决策理论研究

Cosgrave(1996)认为应急决策是在决策信息不完备的情况下决策者迅速做出的决策,因而在应急管理中非常重要。认为突发事件应急决策有三个特性,即时间约束、信息约束和决策负荷约束,而应急决策问题应从三个维度来描述,即决策质量要求、决策验收要求和问题紧急性。综合运用维克托·弗鲁姆(Victor H. Vroom)和菲利普·耶顿(Phillip Yetton)的领导规范模型构建了一个简单的突发事件决策过程模型,建议决策者依据决策问题的特性,采用不同的授权程度对事件进行决策。同时,还把这种模型应用于一些应急救援案例中。

Kelian(1997)研究突发事件应急决策时引入军事战斗的经验决策模型,该模型要求下属充分理解决策任务和目标,并根据完成先前任务取得的经验对当前环境进行评估,依据经验找出类似的应对做法,对原始决策行动方案进行修订,从而获得当前任务的解决方案。

(二)应急决策方法研究

在突发事件应急决策方法研究上,一些管理学者在对突发事件进行研究时,利用应用数学和风险管理领域的效用分析、敏感性分析、概率分析等方法,对突发事件的应急决策进行了分析。

Pauwels 等(2000)解释了经济学研究成果中提出的决策的"不可逆转效应"现象,并把这种分析结果用于核泄漏事件发生后的撤退决策问题。文中分析了撤退决策问题的特性,并建立了两阶段的基于决策树分析法的决策模型。分析结果得出当决策者忽略下一阶段获得的完备信息或者在下阶段前做决策时,就很容易做出撤退的不可逆转决策,这样会导致不可估量的成本,并用参数的灵敏度分析方法证明了这一结果的鲁棒性。

Tamura 等(2000)认为要预测大型地震的发生非常困难,但是人类可以通过加强建筑物的抗震能力来减少由于建筑物倒塌而造成的人员和财产损失,或者通过购买地震保险来减少地震损失。针对这种发生概率比较低,但是影响大的灾害事件,他们建立决策分析的系统方法,该方法运用了基于期望效用理论的决策树分析方法。

群体决策的方法在应急决策中有很多应用。

Ikeda(1998)等提出应急决策组织有四个组成部分,即决策执行者、专业咨询提供者、管理者和决策者,认为在核事故发生的紧急状态下,多个部门的不同专家组之间可以利用多媒体技术进行信息交流,从而利用群体决策制定出应急决策。

Wybo(1998)提出了构建应急管理组织的四个原则,即基于能力的人员分布、适应性、人员分类、任务分配原则,研究了如何利用这四个原则定义、预防和营救森林火灾的决策支持系统,如何通过应用计算机系统对森林火灾实施监控。该系统重点研究了如何对不同国家的多个营救小组的数据共享与信息互联。

Mendonca 等(2006)认为如果在应急事件发生前做出很多详细的应急反应方案,将会极大地缩短应急反应时间和减少灾害损失,因此做模拟实验是非常重要的。文中应用博弈模拟评估了应急反应的群决策支持系统,认为测量和评估系统有两个组成部分,即决策方法的绩效及其对群决策过程的影响,以及决策效果的评估,最后提出模拟接近现实的程度对于模拟效果的重要性。

考虑到最优化模型的局限性,有些学者尝试从非最优化角度研究应急决策问题。

如 Hernandez 和 Serrano(2001)认为知识系统能够将理论与来自专家的知识很好地结合,提出了利用先进的知识模型来支持应急决策的模型。该知识模型用可操作性的知识结构管理工具来描述其结构,并成功地应用到西班牙的水灾管理和工业安全事故的处理案例中。

又如,Klein(1989)提出了一种以认知为主的决策模型(Recognition-Primed Decision model,RPD 决策模型)。在该决策模型中,决策者首先根据自己已有经验识别当前情境,从而形成初始方案,最后用心智模拟判断该方案的有效性。此 RPD 决策模型强调决策者利用当前经验获得决策方案,而不是在众多方案中进行择优比较。这种决策模型对于应急决策有一定借鉴意义。

再如,Sayegh 等(2004)提出了一种应急决策的概念模型,该模型强调了情绪反应和隐性知识对危机下启发式决策过程的影响,肯定了情绪能够促进启发式决策过程这个论断,并把其研究成果应用于人力资源管理中的管理决策者的选拔和培训中。

三、本书研究与应急决策研究的联系与区别

从以上分析可知,应急决策研究是国内外管理学研究中一个新的研究方向,大概已有 30 年研究历史,从应急决策理论到应急决策方法,应急决策越来越受到研究者的关注,也有了比较丰硕的成果。

本书研究主题是应急物资分配决策,从研究对象角度来讲,应急物资分配决策是应急决策研究的一个分支,因此应急决策的基本理论和方法可以应用于应急物资分配决策,但是应急物资分配决策研究内容更为具体,且有自身的特点,不能等同于一般的应急决策;从决策理论角度来讲,应急物资分配决策是一个系统的决策过程,对应急物资分配决策系统研究应从整个决策过程的角度入手。

但是目前为止,对应急物资分配决策的理论研究还很少,而在方法研究上也只是针对决策过程的一个方面,鲜有人对应急物资分配决策的内涵、特点和决策过程进行系统研究,因此本书的研究内容是应急决策研究的延续,但又明显区别于现有研究。

第三节　应急物资管理相关研究

如本章第一节所讨论的,应急物资管理系统是由选址、配置、调度、分配、存储和补充所组成的环环相扣的完整体系,根据运作时间不同,又可归纳为三个

方面,国内外学者对这几个方面皆有研究。本节将对这几个与应急物资管理相关的内容进行总结,并详细介绍和总结应急物资调度和分配的研究现状。

一、选址和配置研究

应急物资的选址和配置是在灾害事件发生前的两个重要环节,其目标是事先对救援点的位置进行合理规划,并在每个救援点配置适量的物资,而使应急反应中物资的供应量达到最大或最优,因此选址和配置问题研究一般会涉及一系列数学模型。

(一)应急物资的选址

传统的选址问题研究中,主要有覆盖问题(covering problems)、中心问题(P-center problems)和中位问题(P-median problems)。而覆盖问题又分为集合覆盖选址模型(Location Set Covering Problem,LSCP)、最大覆盖选址模型(Maximum Covering Location Problem,MCLP)、最大可利用选址模型等。这些传统模型均建立在条件确定的假设前提下,而应急物资的选址问题与传统选址问题相比,具有随机性和不确定性,因此研究者相继将其他理论,如概率理论和模糊理论引入应急设施的选址问题中。

Toregas 等(1971)较早把集合覆盖选址模型应用于应急设施的选址问题上,在此文献中,以每个物资需求点的最大需求时间或者距离为约束,以设施建设的费用或者设施数目最少为目标,建立了一个线性规划模型,在求解模型时以割平面方程来解决解的小数点问题。

Badri 等(1998)针对消防设施的选址问题提出了使用多目标规划的方法,认为消防设施选址决策不仅要考虑运输时间或者运输距离目标,而且要考虑运输成本目标,以及在实践中存在的技术或者政治目标,从而建立了拥有多目标规划函数的集合覆盖模型,最后将模型应用于阿拉伯联合大公国的第二大酋长国迪拜的消防设施选址问题中。

方磊和何建敏(2003)认为影响应急服务设施选址的因素有定性因素和定量因素,如经济因素、技术因素、社会因素和安全因素等,因此应急服务设施选址应采用定量和定性相结合的层次分析法。他们又考虑有限资源约束的要求,认为针对不同度量单位和相互冲突目标的问题宜采用目标规划方法,因此提出了综合利用层次分析法和目标规划的方法来解决应急系统选址规划问题。

方磊和何建敏(2005)为了使城市决策者在应急系统选址的决策过程中增加科学依据,提出了考虑应急限制期和系统费用限制的应急服务设施的选址模型,研究用分支定界法求解模型。

Araz 等(2007)提出了一种基于模糊多目标覆盖的车辆定位模型。该模型的目标为应急车辆服务人口覆盖最大化和通过减少运输距离、提升服务水平而导致的增加服务人口覆盖最大化。模型的求解采用了模糊目标规划的方法。

Yang 等(2007)针对消防设施选址问题建立了一个模糊多目标规划模型。该模型提出了多个目标,如设施建设费用和运营费用最小化、运输距离最小化等,最后用遗传算法对模型求解。

姜涛和朱金福(2007)为解决不确定情况下应急设施选址问题,提出了考虑限期要求的不确定性应急设施选址的偏差鲁棒优化模型,该模型以应急设施到各个应急节点的赋权距离之和最小为目标,使不确定情况下的鲁棒解与各种可能情景下的最优解的目标函数值的最大偏差最小,从而在不确定的情形下可以最大限度地规避风险。

刘茂(2009)利用多阶段优化选址规划模型对天津市进行应急资源基站的选址规划研究。首先,利用集合覆盖模型(LSCP)确定满足需求的最小应急物流基站数,然后利用最大覆盖模型(MCLP),在备选位置中,根据不同的应急时间标准确定满足需求的合适位置作为应急物流基站的选址。通过计算,分别得到在 30 分、45 分和 60 分的不同应急时间标准下满足覆盖天津市全境所需的要求下的应急资源基站数以及合理的选址规划方案。研究表明,多阶段选址规划模型将选址规划问题分步骤解决,使问题简化,可以将其应用于不同城市的安全规划,为城市应急管理、服务设施布置提供应急决策依据,能够有效地提高城市的应急管理能力。

郭子雪等(2010)在应急物资需求点的需求量和应急物资的运输费用等为区间数的假设前提下,构建了以总费用最小为目标的应急物资储备库选址模型。

陆相林和侯云先(2010)在中国国家级应急物资储备库由 10 个扩至 24 个的背景下,在前人的设施选址理论模型的基础上,构建了考虑覆盖半径内需求满意差异的最大覆盖设施选址模型,用蚁群算法对模型求解,得出 24 个储备库的归属单位,服务省份和服务半径和配置图。

侯云先、林文、申强(2011)针对我国小城镇应急物资储备库选址合理性定量分析研究较少的现实,基于选址理论中的最大覆盖模型原理,考虑了覆盖半径内的需求满意差异问题,构建了覆盖半径内需求满意存在差异的最大覆盖设施选址模型,并提出利用蚁群算法进行求解。

(二)应急物资的配置

周晓猛等(2007)在确定应急物资需求点数目的基础上,将应急资源配置过程根据时间序列划分为若干阶段;在结合动态规划理论的基础上,以应急救援过程中的总代价最小为目标函数构建了应急资源优化配置数学模型,最后以具体的案例分析了模型的可行性和实用性。

方磊(2008)针对加强应急管理、提高应急物资配置和利用效率的现实要求,从应急系统中的应急物资的投入产出的整体相对效率考虑,在传统资源配置的数据包络分析(Date Envelopment Analysis,DEA)模型基础上,综合物资总量控制情况和决策者的偏好信息等要素,提出了新的资源优化配置的非参数偏好DEA模型,对应急系统中应急物资总体利用情况进行了评价。

Balcik等(2008)构造了一个最大覆盖模型,不仅能够解决应急设施的选址问题,而且解决了应急物资的配置问题。该模型考虑了应急物资的类型、预算约束和容量限制,并用计算仿真的方法得出,用该模型解决实际问题时在缩短应急时间和提高需求满意度等方面表现优良。

于瑛英和池宏等(2008)首先构造了一个基于时间、资源供给和需求的损失函数,然后用该损失函数来评估现有资源布局下可能出现的各个级别突发事件对受灾区造成的损失,最后对损失值较大的资源布局建立优化模型,优化措施包括调整应急服务点的个数和供应量,因此该文献也同时解决了选址和配置问题。

刘宗熹(2009)提出了由储备点经济情况、人口数量和交通通达程度三个因素决定的"应急物资储备指数"概念,在统计确定三个指标的基础上,通过利用极大值标准化以及层次分析法等方法确定储备点的应急物资储备指数,并构建了储备模型,最后进行了实例分析,取得了良好的配置结果。

Rawls等(2010)建立了一个两阶段的随机整数规划模型,并为该模型设计了算法,该模型用来解决在自然灾害发生前的物资配置策略。

刘南和葛洪磊(2014)在《应急资源配置决策的理论、方法和应用》这本著作中分析突发事件演化机理和应急资源配置的分类、特性与系统构成,建立了应急资源配置的效率分析模型、效率与公平分析模型两大类模型,系统地解决应急资源配置的各类问题。该书针对每个模型的特征,设计有效的算法并进行算例分析,对各类应急资源配置优化模型进行比较,为突发事件应急资源配置体系的建立与实施提供理论依据和政策启示。

二、存储和补充研究

应急物资的存储和补充发生于平时配置与战时调度的过程中,如何确定应急物资的存储量和存储方式,如何根据调度情况及时补充,是研究的重点。

Timothy(2005)探讨了对于危险化学品事件地方政府和社区应该如何准备的问题,其中就包含应急物资的储备。陈桂香(2006)等分别探讨了我国应急资源储备中存在的问题,并给出了相应的策略。

Ozbay 和 Ozguven(2007)研究了人道主义供应链问题中的应急物资库存管理问题。文献首先建立了一个匈牙利库存控制模型,该模型为需求随时间变化的随机规划模型,解决最小安全库存量问题,以保证应急物资供应不被中断,然后为模型设计了算法,最后对参数进行了灵敏度分析。

Robert 和 John(2007)认为在突发事件应对中拯救生命是第一位的,医院也需要做好应急物资的储备,必要时需要对救援医疗物资进行整合。

Pavel Albores 等(2008)研究了政府针对突发恐怖袭击事件如何做好准备的问题。

包玉梅(2008)在分析我国应急物资储备现状的基础上,提出了将企业供应链下的多级库存管理运用到应急物资的储备中去的观点,从而建立各级政府实物储备和企业合同储备的二级库存模型,以实现加快应急反应、降低储备成本的目的。实施该储备策略的关键是要构建应急物资管理网络系统、选择储备企业以及确定应急物资总储备量和合同储备量。

刘宗熹和章竟(2008)分析了汶川地震救灾过程中出现的应急物资储备问题,认为应急物资由不同部门分散管理是直接导致出现问题的原因,因此提出要尽快完善地震灾害应急物资管理系统,加强应急物资的储备与管理等措施。

秦军昌和王刊良(2008)分析了应急响应期物资的库存需求与恢复期物资的库存需求之间的关系,提出了基于跨期一体化的多物品最优订货量单周期随机库存模型,在对模型数学性质分析的基础上,设计了基于解析解的仿真优化算法,证实该模型可以有效用于应急物资的库存管理。

Karaman 等(2009)研究人道主义救援机构的应急物资最优库存决策,并分析在不同救援机构之间如何实现合作的问题。文中考虑灾害风险,并假设灾害发生在应急物资的质量保质期内,提出了一个改进的单阶段报童模型,并将此方法应用到伊斯坦布尔的实例分析中。

刘利民和王敏杰(2009)分析了我国应急物资储备中存在的物资储备点少、容量小和管理粗放等问题,指出为了在应急储备库运营过程中实现科学组织和现代化管理,应该充分借鉴现代物流发展成果及在供应链管理方面取得的成功经验,对应急物资储备库进行科学设计和规划。

张自立等(2009)认为生产能力储备是应对应急物资需求量在短时间内激增的重要措施,试图从政府对协议企业补贴的角度,构建政府补贴对协议企业生产能力储备影响以及政府在经费额约束下获取最大生产能力储备的数学模型。该模型可以为政府在与相关企业签订应急物资生产能力储备协议时提供一定的理论支持,优化政府应急决策。

Taskin 等(2010)针对制造商和零售商在飓风季节来临时做采购和生产决

策的随机库存问题,提出了一个基于飓风预测模型的控制策略。这种多阶段库存控制问题用一个考虑随机需求量的随机规划模型来描述,并提出了求解方案。

Axsater(2010)针对应急订单下的库存系统的问题,设计了一种启发式算法,启发式决策规则触发紧急命令建议,在决策规则的前提下,最大限度地减少预期库存成本。

Van Wyk(2011)针对灾害发生前南非发展共同体如何预先确定存放在应急设施内的救援物资的类型和数量,建立了一个随机库存模型,该模型综合考虑了受灾人口的数量、灾害类型和灾害影响程度等因素,并提出了针对模型的启发式算法。

三、调度和分配研究

应急物资的调度和分配是突发性灾害事件完全爆发后的应急物资管理工作,通常需要在最短的时间内同时将各种物资从不同的位置相继运送到多个应急物资配送中心和受灾地。物资分配是物资调度的下一阶段工作,但在很多情况下调度与分配是同时发生的,因此在很多文献中没有把二者明确地分开,而经常一起研究。

从研究方法上来看,现有研究可以分为以下几大类。

(一)基于运筹学优化理论研究

很多学者用运筹学优化理论来解决应急物资调度和分配问题,而在这种方法的研究中,从优化目标来看,又分为单目标优化和多目标优化。

1. 单目标:运输费用最小

早期的研究多以运输费用的最小化为目标。Ray(1987)和Rathi(1993)以运输费用最小化为目标研究了带时间窗的多商品流的应急物资运输的问题;Equi等(1996)以总运输成本最小为目标建立了一类大型综合运输和调度问题的模型,并为这类模型提出了一种拉格朗日分解方法。

Ozbay等(2004)针对交通事故发生后的应急车辆的分配问题展开研究,认为事故的发生具有随机性,但是服从于某个概率分布,事故地对车辆的需求以及车辆的供应量都是随机的,引进服务水平的概念,构建了一个带有概率约束的以应急成本最小为目标的混合整数非线性随机规划模型。

2. 单目标:应急时间最短

随后,有些学者又提出了以最小化应急时间的研究目标。

Sheu等(2005)构建了一个以最小化应急响应时间为目标的综合模糊线性规划模型。该方法分三步走:第一步,根据受灾地的需求属性和需求优先权用模糊聚类的方法对受灾地分组;第二步,在确认每个受灾组的中心位置后,用模糊线性规划模型来解决对灾区组的模糊调度;第三步,确定模糊车辆调度以及在同一组内以运输时间最短为目标进行物资分配。

程序芳(2010)研究应急物资运输中分次运输的情况,设计了首次运输和再次补充运输的模型,建立了首次运输时间最小和两次总运输时间最小为目标的运输分配模型,并应用非支配排序遗传算法 NSGA Ⅱ(Non-Dominated Sorting Genetic Algorithm)设计模型算法。

李进等(2011)考虑由原生灾害和次生灾害构成的灾害链下,多资源多受灾点的应急资源调度问题。建立了以调度时间最短为目标的模型,并设计了基于线性规划优化和图论中网络优化思想的启发式算法。

王新平和王海燕(2012)研究公共卫生突发事件下的应急物资分配模型,认为应急物资需求具有不确定性和连续性,应急救援是多地开展而且是多周期的,因此要分析传染病扩散规律,从传染病潜伏期的不确定性分析应急救援的时滞性,从而构建了以运输时间最短和救援时间最短为目标的随机规划模型。

3. 单目标:未满足量最小

Ozdamar 等(2004)建立了一个以多种应急物资的总的未满足量最小为目标的应急物资分配动态模型,在此模型中把运输车辆也作为一种商品来对待,因此是一个混合整数规划模型。该模型又是多阶段的,且在每一个阶段的物资需求量和供应量均不同。针对模型提出了用拉格朗日松弛法求解模型的思路,最后把这种方法应用于土耳其地震后对应急物流系统与物资分配问题的研究。

4. 单目标:死亡人数最少

Fiedrich 等(2000)认为在地震灾害中死亡的人数不仅与房屋毁损有关,而且与缺少及时的医疗救治和次生灾害有关,基于此观点,构建了死亡人数的函数,并以死亡人数最少为目标,建立了一个动态组合优化模型来解决地震灾害后的应急物资分配问题,并设计了启发式算法。

5. 多目标

近年来,关于应急物资调度和分配的研究越来越复杂。一些学者提出了运输时间最短、运输成本最少和未满足量最少等目标结合的多目标模型。

韩强(2007)认为衡量应急物资调度和分配效果的时间指标和成本指标不是同等重要的,时间指标是主要指标。因此建立了单资源应急物资调度的双层规划模型,上层为时间目标,下层为成本目标,并设计了算法。

Yi 和 Kumar(2007)研究应急车辆路径问题和整数多商品分配问题,在模型中把应急车辆和受伤人员都看成商品,建立了以未满足需求量和未得到服务的受伤人员的加权和最小为目标的整数规划模型,并用蚁群算法来求解。

刘明和赵林度(2011)研究生物反恐突发事件下所需应急物资的特性,构建了融合点对点直接配送点对点(point to point,PTP 模式)和传统的 HUB 模式的混合协同配送模式,使配送方案同时具有两者的优势,即既可以获得前者的时间优势,又可以获得后者的规模效益和竞争优势,最后给出模式的启发式搜索算法。

(二)博弈论方法

博弈论作为研究具有竞争性质的对策问题的方法也被用于解决应急物资分配问题。

Shetty(2004)和 Gupta(2005)研究在城市环境下多种突发事件发生后应急物资的分配和管理。用博弈模型研究了存在受灾点之间的完全信息静态博弈过程,模型考虑了物资的可得性、应急事件的严重性以及应急物资的需求,并提出纳什均衡解的求解方案。

张婧等(2007)设计了一种改进的基于偏好序的效用函数,该函数能够刻画事故得到救援的及时性和有效性,将多事故资源分配问题描述为完全信息非合作博弈过程,并用 Gambit 软件求纳什均衡解。

杨继君和许维胜等(2008)将多灾点作为局中人,可能的资源分配方案作为策略集,将资源调度成本的倒数作为效用函数,构建非合作博弈模型,并设计了一种求解纳什均衡点的迭代算法。

杨继君和吴启迪等(2008)则将资源调度中的不同运输方式映射为博弈模型的局中人,可能的资源调度方式组合方案作为策略集,不同运输方式调度造成的损失映射为效用函数,构造了合作博弈模型,并设计了一种求解核心的 Shapley 值法。

王波(2010)在非合作博弈的基础上,建立了多阶段应急物资调度动态决策模型,该模型考虑了前阶段决策给当前决策带来的影响,通过引入惩罚系数来约束该阶段的决策方案给受灾点带来的收益,并使用风险占优机制来解决博弈结果存在多重纳什均衡的问题。

(三)网络流模型

由于应急物资调度与分配会涉及应急物资的配送和运输问题,所以运输问题的网络流模型也被用于应急物资的分配问题。

Haghani 等(1996)将应急物资分配问题描述成一个带有时间窗的大规模多商品多模式网络流问题,目标函数是车辆流成本、商品流成本、需求结转成本(即延时配送的惩罚成本)、供应结转成本以及运输成本组成的总成本最小化,为模型设计了两种算法,用 Lindo 软件来实现。

缪成等(2006)研究了存在多种货物、多起止点、多种运输方式且车辆满载的救援物资运输问题,为此建立了基于多模式分层网络的以车辆行驶费用最少、运输方式模式转换费用最少以及延期满足所引起的目标函数增加值最少的多目标数学规划模型,用拉格朗日松弛法将原问题分解为两个子问题,并分别对子问题进行求解。

陈森等(2011)认为当运输道路出现毁损时,如果投入部分物资用于抢修被损路段,便可缩短因绕行而产生的配送延时,针对这种情况,提出了未定路网结构情况下的应急物资车辆配送问题。首先以最优路网结构为目标,研究抢修决策,然后在物资数量恒定的约束下,建立联合决策模型,最后以需求点的未满足量最小和需求满足延迟最小为目标,对不同路网结构下的物资分配和车辆路径实施优化。

田军等(2011)考虑需求信息不确定性、需求紧急程度差异和运输路网动态变化等因素,用三角模糊数描述应急物资需求量,利用连续速度时间依赖函数模拟动态路网交通状况,建立了以应急时间最短和满足率最高的多目标数学模型,并设计了粒子群改进算法。

(四)组合数学方法

List(1998)最早提出应急事件发生后让最近的出救点参与救灾的思路,在其建立的模型中以出救点数目最少为目标,但是没有考虑单个出救点不能满足需求的情况。

刘春林等(2001)在其基础上,研究了在一个出救点不能提供应急所需的大量物资的情况下产生的多出救点的组合出救问题,建立了在满足应急时间最早的前提下如何选择出救点而使出救点数目最少的模型,以及研究了考虑限制期的以出救点数目最少为目标的模型。

陈达强和刘南等(2009)认为在以应急时间最早、参与出救点数目最少为目标进行出救点选择时可能会存在多种可行方案,这时可以以应急响应成本作为对方案选择的评价标准。因此在分析了应急响应成本组成的基础上,建立了基于成本修正的应急物资响应决策模型。

陈达强和郑文创等(2009)认为应急物资需求方和供应方的物资量是随时间变化的,因此针对此问题,建立了以系统应急响应时间最短为目标的应急物资分配决策模型,并结合汶川地震医用物资分配实际情形设计了仿真算例。

(五)其他理论与方法

1.贝叶斯决策理论

葛洪磊和刘南(2011)认为突发事件发生初期灾情信息是不精确的,随着对灾情的序贯观测,得到的信息越来越精确,因此需要考虑决定什么时间停止观测,以确定最优物资分配量,建立了应急物资分配决策问题的以贝叶斯风险最小为目标的优化模型,最后以 2008 年汶川地震中的 11 个重灾区为案例进行实证分析。

2. 反馈控制理论

夏萍和刘凯(2011)利用反馈控制原理构建了应急物资分配决策系统模型,该模型方便物资管理决策人员根据供需匹配的分配原则来调整物资种类和数量,满足灾区需求。

3. 分阶段决策

Sheu(2007)分析了应急物流与商业物流的区别,提出了一个三层节点的分级分配的概念框架,设计了一种混合模糊聚类优化方法用于解决关键救援期的应急物资分配问题。该方法包括两个递归机制,即先用模糊聚类法对受灾地进行分组,然后再以最大化满足率和最小化成本为目标,实行分级配送,最后用台湾大地震的真实数据来验证方法的适用性。

于辉和刘洋(2011)首先用应急物资需求量的上下界来刻画灾害事件下的应急需求特征,然后研究单出救点、多需求点的应急物资分配的两阶段策略,提出用局内决策方法求应急物资在两阶段嵌套机制下的有效分配策略,最后用数值仿真证实了两阶段嵌套策略的稳健性和优势。

Barbarosoglu 等(2002)研究在灾害救援中如何对参与救援的直升机的派遣和运输路径问题,并把问题分解成两个子问题,即解决飞机和飞行员组成的宏观策略问题和解决具体飞行路径和服务的操作问题,为这两子问题分别建立混合整数规划模型。

4. 可信度模型

Adivart 等(2010)研究国际救援机构的应急物资救援计划问题,比较了国内救援和国际救援在供应商、需求量、运输网络节点和结构、机队规模等方面的区别,构建非线性模糊函数和模糊方程,建立了一个考虑国际救援努力的可信度模型来解决国际救援供应计划问题。

5. 情景规划方法

Chang 等(2007)研究在水灾事件下供政府机构使用的应急决策工具,采用情景规划的方法,建立了一个随机规划模型,决策变量包括救援组织的结构、应急物资仓库的选址和容量限制下的物资分配,并利用地理信息系统和洪水电位图进行仿真模拟。

6. 救护车分配

救护车作为一种各类灾害均通用的重要应急物资,受到大量学者的关注,关于救护车的分配,有很多学者专门研究。

Gendreau 等(2001)研究了应急事件发生后,如何对救护车进行实时动态分配的问题,分析了动态分配与静态分配的不同,提出了救护车配置的动态模型;Yi 和 Ozdamar(2007)在交通路网模型的基础上构建了综合考虑应急中心选址和医疗人员分配的模型,并为模型设计了路由算法;Andersson 等(2007)给出了救护车派遣和重新配置的动态调整模型,该模型以提高对伤员的救助能力、减少伤员的等待时间为目标,为相关决策提供支持工具;Jotshi 等(2009)提出了基于数据融合技术的大型自然灾害发生后的救护车调度和分配方法,该方法考虑了受灾地的伤员数量、道路及交通状况,并用实证模拟证明方法有效;杨文国等(2010)在伤员群体人数增长的确定性模型基础上,提出了以救助工期和总的加权救助时间最小化为目标的救护车分配优化模型,通过求模型的松弛问题得出原问题的求解步骤。

四、本书研究与应急物资管理研究的联系与区别

本书研究的应急物资分配决策是应急物资管理中一个重要的决策内容,是物资管理系统中承上启下的重要一环,建立在应急物资选址和配置的基础上,应急物资分配又直接影响着应急物资的存储和补充。而且相对来说,应急物资分配是直接面向灾民的,应急物资分配处置不当会直接影响应急物资管理的效果和效率。

在现有物资分配决策的研究中,不管是采用运筹学优化理论、网络流模型、博弈理论模型,还是其他方法,均没有从决策过程的角度来研究决策问题,而本书除了研究分配决策外,还要研究分配之前的需求量预测,以及分配之后的方案评价,从决策过程的角度来完整地研究应急物资分配决策,这是本书与现有研究的主要区别。

另一方面,现有分配决策研究主要是以响应成本、响应时间等作为优化目标,但是应急物流最主要的目的应该是减少人民生命和财产的损失,所以本书的研究通过构建损失函数,以系统损失最小为目标,结合应急实践中的路网模型以及公平约束,来构建物资分配决策模型。

第四节　应急物资需求预测相关研究

任何事物都有自己的特征,其发展变化都会呈现出一定的规律性,所以我们可以利用这些特征和规律来研究一些预测问题。预测物资的需求研究亦是如此。在对突发性灾害事件情境下的物资需求进行预测时,可以选择预测原理构建合适的预测模型。常见的预测原理有:惯性原理、类推原理、相关原理等。

目前,关于应急物资需求预测的研究不管是国内还是国外尚处于起步阶段,研究成果并不是很多。针对应急物资管理的不同阶段,需求预测分为两大类:一类是针对灾前的物资配置所做的预测,另一类是针对灾后的物资分配所做的预测,而第二类是本书研究的范畴。

一、物资配置阶段的应急物资需求预测

乔洪波(2009)在系统分析了应急物资需求分类的基础上研究了物资储备点的储备量预测模型,提出了一个应急物资需求量模型框架,即先进行储备点和储备区的划分,再根据灾害发生概率、人均需求量计算出储备区总需求量,结合不同等级物资满足率、灾区原有储备保全量、储备区外其他储备点调运量,算出实际需求量,最后根据储备点需求权重,算出储备点的需求量。

张波(2009)采用回归分析法预测武警部队应急军需物资的需求。明确了预测内容、方法和程序,建立起基于参战人数和参战时间两个因素的应急军需物资需求预测模型。拟合优度检验和实例计算结果表明,应急军需物资需求数量主要由参战人员和参战时间决定,并可以通过数理统计方法来建立较为精确的数量关系,这为各级后勤制订军需物资保障计划提供了更为科学的依据。

Guo(2010)认为在利用马尔可夫链预测模型进行预测时,需要将时间序列 $X(t)$ 的可能取值范围(通常是一个连续的实数区间)划分成有限个状态。但在应急物资需求预测问题中,状态可能不是明确的子集合。这时应急物资需求量可以用"需求量很小"、"需求量小"、"需求量一般"、"需求量大"和"需求量特大"等模糊状态来描述,这种用需求量上的模糊子集来表示才更接近于实际。因此将模糊集理论与马尔柯夫决策模型相结合,提出了基于模糊马尔柯夫链的应急物资需求预测模型,这种模型同样也是应用于应急物资储备策略的制定。

李磊(2006)对地震应急救援队现场物资需求进行量化分析,根据灾区情况,设计了数学概念模型。该模型首先考虑到同样一次地震中,在不同的地区造成的损失不同,人口密度大、建筑密集、结构复杂的城市救援难度会加大,以及灾区不同的地理环境对救援队物资准备的影响不同,因此引入了地区系数。其次,考虑到地震可能发生在任何季节,同一地区不同季节对救灾物资的需求也不同,故而在模型设计中引入季节系数。最后,考虑到灾区群众心理变化对救灾物资和救援人员的需求量同样有较大影响,心理上的恐惧客观上可能延长救援队现场工作周期,在物资准备时应增加对各类救灾物资,尤其是帐篷、应急熟食的准备量,以保证不时之需,由此在模型设计中引入心理系数。通过模型预测救援队所需物资的种类和数量,包括现场指挥员人数、现场搜救队员人数、

医疗队员人数及其他人数,为有效实现应急救援队物资保障提供基础。

二、物资分配阶段的应急物资需求预测

因为该类研究是本书第四章研究的内容,所以按照研究方法详细分析。

(一)灰色系统模型预测法

根据惯性原理,应急物资的需求量可以用前期的需求量组成的数据序列来预测当期的需求。

宋晓宇等(2010)提出了一种基于改进 GM(1,1)模型的应急物资需求量预测方法,根据 GM(1,1)的指数特性,通过对原始数据序列进行变换使其服从指数规律的方法改进模型,克服了传统 GM(1,1)模型指数规律的不足,用改进模型对应急物资需求量进行了预测。为验证改进后的 GM(1,1)模型的有效性,将其预测结果与传统 GM(1,1)模型和同类研究文献中方法的预测结果进行相比分析,实验结果表明:改进 GM(1,1)模型预测的平均相对误差更小,预测精度有明显提高。结论根据该模型预测的未来几个周期内应急物资的需求量的信息可以作为决策者进行应急物资调度的依据。但是,该模型需要有前期救援工作的数据作为预测基础,所以只适合于救灾后期的需要量预测,而对救援初期的黄金时间内的需求预测,该模型并不适合。

(二)案例推理预测法

根据类推原理,应急物资需求量可以通过寻求相似案例进行预测,而案例推理是目前人工智能中一种新兴的推理方法,其核心思想是使用以前类似问题的经验和获取的知识来推理得出目前问题的解决方案。一些学者针对应急物资提出了案例推理预测模型。

邢冀等(2010)首先分析了油气事故特性及应急资源的需求类型,认为就某个事故而言,历史上一般都存在与其相近的案例,在事故属性相近的前提下,开展应急救援活动所需的应急资源需求也具有相关一致性,考虑利用油气长输管道事故的历史数据建立源案例库,构造基于案例推理的油气长输管道事故应急资源需求预测模型,选取相似源案例并从中抽取决定应急资源需求的关键因素,应用相似原理对新目标案例的应急资源需求情况进行预测。因此构建了基于案例推理的油气事故应急资源需求预测模型,该模型以事故影响范围、危险品消耗量、被困人员数量作为预测基础救援设备、抢险救援设备和医疗救援设备的需求量的关键因素,并使用 Visual Basic.NET 及 SQL Server 数据库开发了油气事故应急资源需求预测支持决策系统。

傅志妍等(2009)采用相似度计算方法——欧氏距离算法来确定最相似源案例,在运用欧式距离算法之前,把案例属性值按照某种函数归一化到某一无

量纲区间并且使所有相关属性归一化到同一数量级内,以便计算结果更能准确地反应源案例与目标案例之间的匹配程度。根据目标确定最近相似源案例后,分析其物资需求的品类和结构,抽取出决定主要物资需求的关键因素,如灾区的人口数量、灾区面积等,从而建立了"案例推理—关键因素物资需求"预测模型,同时将模型运用到"汶川地震"实例分析中,验证了模型的科学、有效性。

王晓和庄亚明(2010)提出一种将模糊集理论、神经网络 Hebb 学习规划和多元线性回归与案例推理法相结合的方法,根据非常规突发事件与案例的相似性,主要利用案例推理法进行预测,同时将模糊集理论、神经网络与案例推理相结合,通过模糊化案例的属性,以及利用神经网络对权值进行训练调整,同时对资源进行了分类预测,改进了以往算法的精确度,提高了非常规突发事件预测的效率和精度。在得出相似案例之后,根据多元回归理论,对资源需求进行了预测。这种方法很好地解决了非常规突发事件资源需求预测的信息不完备、不精确问题,能够比较准确地做出资源的需求预测。该模型对灾害资源需求预测具有一定的参考价值。

廖振良等(2009)在分析了突发性环境污染事件应急需求的基础上,将基于案例推理(Case Based Reasoning,CBR)的人工智能技术引入突发性环境污染事件应急预案系统(CBR—EERPS)的设计中,设计了 CBR—EERPS 系统的结构和功能模块,提出了基于框架的案例表示方法和基于 HEOM 的相似性度量方法,并对案例的适配方法、案例库学习、案例库管理进行了构思和探讨,最后阐述了该系统的运行和工作流程。

Liu 等(2012)在对应急事件响应的特性(包括应急事件的类型、强度、受灾地的自然环境、人口密度、损失、灾害持续时间等)、应急救援计划的特性(包括救援目标、救援方法和救援程序),以及应急资源需求特性(包括需求数量、质量、类型)三个方面进行风险分析的基础上,使用案例推理法建立针对公共危机下的应急物资最小需求的预测模型。

本书认为,案例推理法在对应急物资需求进行预测时,有一定的局限性,主要体现在以下两个方面:

(1)案例推理法在没有大量案例源的情况下,很难找到相似案例;

(2)预测数据只是根据相似案例来推断,可能会舍去其他案例的一些有价值的信息。

(三)多元回归模型预测法

根据相关性原理,应急物资需求量受到多个因素的影响,基于需求量与因素之间的线性假设,一些学者提出了多元回归预测模型。

孙燕娜等(2010)设计了一个用以表达对医疗、食物或者日常用品的需求概念模型。认为需求量取决于灾害发生的地点、灾害的类型及级别（如地震及其震级）、灾害发生的范围、灾害影响的伤亡情况和灾害破坏情况（如房屋倒塌）、主要道路破坏等情况，因此在计算灾害应急需求时，必须以这些信息作为计算依据，因此建立了一个与灾害等级、受灾面积、人口密度、地区、季节、每人每天对物资的需求量以及应急救援的最少天数相关的实际最小需求量函数。

王楠等（2006）考虑到应急物流的突发性、多样性的特点，认为影响应急物资需求的因素也有多个。灾情因素是影响救灾物资分配的首要因素，它包括受灾范围、受灾程度、受灾损失、灾害强度、灾害影响持续时间等。一般而言，受灾范围越大，受灾程度越严重，受灾损失越大，分配的救灾物资就越多，反之就越少。在定性判断和逐步回归的基础上，选取受灾人口、因灾直接经济损失、受灾面积、灾害强度四个影响救援物资需求数量的因素，建立回归预测模型。最后以台风灾害为例，以救灾物资方便食品的数量为因变量，以受灾人口、因灾直接经济损失、受灾面积、灾害强度为自变量，建立了预测模型，其中针对不可量化的灾害强度这个变量采用了编码量化的方法。

聂高众等（2001）通过对中国可持续发展信息网下属的"综合自然灾害信息共享"子网提供的地震资料的分析和研究，得出了快速确定地震灾区可能的救援需求的一系列关系式，提出一种灾区救援需求预测框架，通过该框架在闽南防震减灾示范区的实际应用，证实这种根据地震初期经济损失和人员伤亡情况快速得出的灾区救援需求框架，可以有效地指导救灾人员进行科学调度，缩短救灾人员和救灾物资的集中时间，具有一定的实际应用价值，可以根据地震初期的经济损失和人员伤亡情况快速预测出灾区需求。

本书认为，运用多元回归模型预测需求量时，必须以事先知道灾区的死亡人数、受伤人数等信息为前提，而这些信息在灾害事件救援初期往往是无法直接获得的，因此在实践中无法直接用该模型预测需求量。

（四）间接预测方法

以上几种方法有个共同点，就是通过前期救援数据或者案例库数据直接对应急物资需求量预测，并且均有一些局限性，因此有些研究者用间接预测的方法，即先预测伤亡人口，再计算物资需求量。

如 Sheu（2010）先根据用数据融合技术对多元信息源提供的人口伤亡数据进行处理，估计出人口伤亡数，即根据多传感器融合的一般原则，提出一种基于熵的加权技术，包括信念建模、数据分类、熵估计、权重估计、加权数据集聚等一系列过程。在加权得到人口伤亡数的基础上，再考虑每个人的最低需求量等参数计算出生活类物资的需求量。但是这个模型存在一个重大问题，即在救援初期，各类信息源提供的数据可靠性较低（相关论证见第三章）。

再如郭金芬等(2011)利用 BP 神经网络算法对灾后人员伤亡人数进行预测,在对伤亡人数预测时构造了地理信息数据库和人口状况数据库,当地震发生后,受灾地区的人口数量、面积等信息能够从这两个数据库中获取。然后结合库存管理知识,设置了安全库存的概念,以灾害损失最小为目标估算灾区应急物资的需求量,并用该方法对汶川地震中北川县的应急物资需求进行了估算。此研究为物资需求预测提供了新的思路,但是 BP 神经网络输入层指标如何科学合理地确定,需要进一步研究。

第五节 应急物资分配方案评价相关研究

一、应急物资分配效果的评价

目前对应急物资分配效果的评价研究较少。对分配效果的评价可以从定性和定量两个方面来进行。

定性方面,孙燕娜(2010)认为对救助效果的评价不能以投入产出的经济原则为标准,而应以道义文明的伦理原则为标准,应强调灾民需求的满足程度,她并没有研究具体的评价方法,而只是从理论上提出评价思路,即通过比较实际救助需求与需求系数为标准的供求关系线来判断救助效果的优劣。

定量方面,Gupta(2004)提出一种公平系数指标对应急物资分配的效果进行公平性测量,这种测量方法只适合于其提出来的静态博弈模型的分配方案,而且计算过程复杂,不具有推广价值。

二、公平评价的研究现状

公平性是对方案评价的重要指标,有越来越多的学者对其进行研究。一般来说,评价一个系统或者方案是不是公平,主要依据它是否满足一定的标准,那么这个标准如何制定,在不同的领域也有不同的方法。如在政治学领域,美国两院在评价立法公平时,以每个州是否拥有与其人口数量成比例的参议员和国会代表为标准。在现有研究中,通常使用不公平指标对评价标准进行量化,不公平指标越小,公平评价结果就越好。

公平具有主观性或价值性。如何定义不公平指标,各国学者已经做了很多研究。

Marsh(1994)在其关于不公平指标的综述中指出,目前有 20 种不公平指标,他从三个维度进行分析并构建了公平测度的理论框架:第一个维度是选择比较对象，评价对象是与某个个体值、系统均值比较，还是与某个参数（如个体需求量）进行比较；第二个维度是用什么来度量评价对象与比较对象的差异，如是用直线距离、欧氏距离，还是中心距等来度量；第三个维度是当群体规模不同时，为使双方具有可比较性，如何对结果实施标准化，如计算平均偏差。

盛世明（2004）认为不公平测度方法可以分为两大类：一类是直接测度法，如一般常见的测度指标，极差、变异系数、基尼系数等；另一类是间接测度法，如在分析基础教育财政制度在不同地区的公平度测量时，可以用相关系数和弹性系数来检验教育财政中性的程度，从而获得对教育公平程度的认识。

1. 选用准则

选用不同公平指标度量公平时，其结果不一定相同，那么如何描述各公平指标的性质？Atkinson（1970）、Allison（1978）、Mandell（1991）、Marsh（1994）、葛洪磊等（2012）相继提出了一些准则。这些准则包括：

（1）计算方便（analytic tractability），如果计算过程和计算结果过于复杂，会加大决策者和实施者的工作难度，不利于指标的应用和推广；

（2）适合性（appropriateness），尤指计算结果易于理解；

（3）公正原则（impartiality），指标计算结果不随性别、贫富、种族等因素的变化而改变；

（4）转移原则（principle of transfers），当资源从富人向穷人转移时，只要富人的资源转移后仍然高于穷人，指标就会降低；

（5）标度不变性（scale invariance），分配对象所获得的资源同比例变化时，指标不变；

（6）帕累托最优（pareto optimality），在这里指当分配对象所获得的资源都提高时，所有指标都不会降低；

（7）标准化（normalization），物资种类不同，度量单位也不尽相同，这时需要指标值采用标准化后的数据；

（8）平移不变性（translation invariance），分配对象的资源等数量增减时，指标不变；

（9）可分解性（decomposability），当对分配对象实施分解时，总指标值是关于各分部指标值的函数。

2. 较优指标

值得一提的是，不是所有的指标都符合这些标准，表2.1列出了主要的不公平指标的一些特性，在实现应用中需要根据研究问题来取舍。

表 2.1　不公平指标及其性质

指标	定义	一些重要性质		
		转移原则	标度不变性	平移不变性
方差	$V = \dfrac{1}{n}\sum_{i=1}^{n}(Y_i - \bar{Y})^2$	符合	不符合	符合
变异系数	$c = \dfrac{\sqrt{V}}{\bar{Y}}$	符合（弱）	符合	不符合
相对平均偏差	$M = \dfrac{1}{n}\sum_{i=1}^{n}\left|\dfrac{Y_i}{\bar{Y}} - 1\right|$	符合	符合	不符合
对数方差	$v_l = \dfrac{1}{n}\sum_{i=1}^{n}\left(\lg\left(\dfrac{Y_i}{\bar{Y}_{\lg}}\right)\right)^2$	不符合	符合	不符合
基尼系数	$G = \dfrac{1}{2n^2\bar{Y}}\sum_{i=1}^{n}\sum_{j=1}^{n}|Y_i - Y_j|$	符合（弱）	符合	不符合
泰尔系数	$T = \dfrac{1}{N}\sum_{i=1}^{N}\dfrac{Y_i}{\bar{Y}}\lg\left(\dfrac{Y_i}{\bar{Y}}\right)$	符合	符合	不符合
阿特金森指数	$A_\varepsilon = 1 - \left[\dfrac{1}{n}\sum_{i=1}^{n}\left[\dfrac{Y_i}{\bar{Y}}\right]^{1-\varepsilon}\right]^{\frac{1}{1-\varepsilon}}$	符合	符合	不符合
科姆系数	$K_u = \dfrac{1}{\alpha}\lg\left(\dfrac{1}{N}\sum_{i=1}^{N}\exp(\alpha(\bar{Y}-Y_i))\right)$	符合	不符合	符合

资料来源：Ramjerdi F. An evaluation of the performances of equity measures. http://www.sre.wu-wien.ac.at/ersa/ersaconfs/ersa05/papers/232.pdf,2011-03-16.

从上表可以看出，相对而言，下面几个指标的性质较优，在近年来的研究中得到了较多应用：

（1）基尼系数的应用

如 Drezner 等（2009）认为公务服务设施选址模型不仅要考虑成本最小化和设施效用最大化，也应该考虑公平因素，即最大限度地减少基于设施服务距离而绘制的洛伦兹曲线的基尼系数。因此在设施选址模型中，加入了结合需求种类和需求点特性的基尼系数，并研究了针对模型的求解算法。数值算例表明，该算法在随机产生 1 万个需求点时，也能在合理计算时间内解决设施最佳选址问题。

又如郭平等（2009）将之用于对收入分配公平的衡量。在基尼系数的基础上,提出了等基尼系数线、平均增长点等相关概念,构建了用于判断收入分配公平性的平均增长点方法,认为在等基尼系数线的条件下,平均增长点横坐标数值越大(不超过 0.8 时),其代表的收入分配越为理想。通过对湖南省 1998 年、2005 年以及全国 2005 年、2007 年的城镇居民收入分配公平状况的实证分析,论证了基于等基尼系数线的平均增长点方法在判断居民收入分配公平状况的有效性。

(2)泰尔指数的应用

张彦琦等(2008)将之用于对卫生资源配置的公平性研究中。认为卫生资源的合理配置是有效满足人们日益增长和多样化卫生服务需求的必要前提,卫生服务需求是人们生活的基本需求之一,所以提供卫生服务的卫生资源在配置上应更多地考虑公平性原则。传统上评价公平性的方法有很多,但在卫生资源配置的公平性研究中大多局限于基尼系数(Gini coefficient)和洛伦兹曲线(Lorenz curve)。基尼系数只能反映总体的不公平程度,而无法分清这一不公平性是由区域间差异造成的,还是区域内差异造成的,不能对总体的不公平性进行区域间的分解,而泰尔指数可以弥补这一不足。泰尔指数具有良好的可分解性,可以很好地反映区域间和区域内各部分差异对总差异的贡献,从而找出引起公平性变动的原因。另外,基尼系数对低收入阶层的收入比重变化不敏感。但泰尔(Theil-L)指数较敏感,二者也形成了互补。

(3)变异系数的应用

如 Kalu 等(1995)将之用于研究灌溉水资源分配的公平问题。水资源在农业生产过程中的重要性决定了水资源的分配要遵循公平原则,采用变异系数对水资源的分配方案进行评价,计算过程简单,计算结果易于理解。

第三章　应急物资分配决策原理研究

第一节　应急物资分配决策概述

一、应急物资分配决策的含义

(一)决策的基本理论

决策是人们在政治、经济、技术和日常生活中普遍存在的一种行为,也是管理中经常发生的一种活动。决策是决定的意思,它是为了实现特定的目标,根据客观的可能性,在占有一定信息和经验的基础上,借助一定的工具、技巧和方法,对影响目标实现的诸因素进行分析、计算和判断选优后,对未来行动做出的决定。从决策的定义中可以看出,决策要针对明确的目标,决策前要有两个以上的备选方案,决策时要有具体的评价准则和标准以便对每个方案进行客观正确的评价;最后,决策是一个整体性过程,从初期搜集信息到分析、判断,再到实施、反馈活动需要有个完整、循环的过程,在整个决策过程中,应随时重视决策的有效性,随时纠正偏差,以保证决策的质量。

一个组织中的决策可以有许多类型,如战略决策、管理决策和业务决策,程序化决策和非程序化决策,风险决策等。决策的流程可以分为确定问题和目标、搜集信息、确定决策标准、拟订方案、分析方案、确定和实施方案、评价决策效果等步骤。组织中的决策还有集体决策与个人决策之分,很难说集体决策就优于个人决策。决策的有效性还取决于决策的各种方法以及各种方法的合理选择。

(二)应急物资分配决策是非程序化决策

依据不同的划分标准,决策可以分为许多类型。其中,按决策性质可分为程序化决策和非程序化决策。程序化决策是指经常重复发生,能按原已规定的程序、处理方法和标准进行的决策,对于组织运行过程中经常遇到的问题,管理者凭以往经验把解决问题的程序、规范等规定下来形成规则,并把这些规则作为以后处理类似管理决策的依据和准则,这样使这种常规化决策问题趋于简化和便利,使高层管理者能够放心地授权给下属去做,自己去考虑其他关系组织生存和发展的重大问题,从而提高了整个组织的管理效率。而非程序化决策是指管理中首次出现的或偶然出现的非重复性的决策,无先例可循,随机性和偶然性大,对于组织来讲,这种偶然出现的一次性的或很少的重复发生的问题的解决往往具有重要的意义,如一个企业要决策是否与另一个企业合并,资产如何重组以提高投资效率,或者是否要开发新产品、引进新技术等都是非程序化决策的例子。

与常规状态下的物资分配决策相对应,突发性灾害事件下的应急物资分配决策是一种非程序化决策。在约束条件、决策目标、资源调动、决策程序和决策效果等方面体现了特殊的性质和要求。所谓应急物资分配决策是在高度集权的决策主体,在紧急状态和不确定性很高的情境下,受到有限的时间、资源和人力等约束的压力,以控制灾害影响蔓延为目标,调动有限决策资源,经过全局性考量和筹谋之后,通过非常规、非程序化手段所做的一次性快速决断。应急物资分配决策是应急管理中非常重要的决策。应急物资分配处理不当,会影响社会机能恢复,势必造成更大的损失。应急物资分配决策是救灾减灾的前提,直接决定着救灾减灾的效果。

(三)应急物资分配决策是不确定性决策

按决策问题的可控程度分为确定型决策、风险型决策和不确定型决策。确定型是指在决策所需的需要解决的问题、环境条件、决策过程及未来的结果等各种情报资料已完全掌握的条件下做出的决策,这时决策者直接比较各种备择方案的可知的执行后果就能做出精确估计的决策。在组织中,确定性决策是很少见的。风险型决策是指决策方案未来的自然状态不能预先肯定,可能有几种状态,每种的自然状态发生的概率可以做出客观估计,但不管哪种方案都有风险的决策。在每种不同的状态下,每个备择方案会有不同的执行后果,所以,不管哪个备择方案都有一定的风险投资。不确定型决策是指决策者不能预先确知环境条件,可能有哪几种状态和各种状态的概率无从估计,解决问题的方法大致可行,供选择的若干个可行方案的可靠程度较低,决策过程模糊,方案实施的结果未知,决策者对各个备择方案的执行后果难以确切估计,决策过程充满了不确定。

众所周知,现代社会的组织都处于不确定的环境中,遇到的决策问题的备选方案以及产生的后果也是千变万化的,因此大多数决策都属于不确定性决策。在突发性灾害事件下的物资分配决策问题更是如此,首先在决策前所需要的基本信息是不确定的,如突发性灾害事件的强度、对灾区的破坏程度在短时间内无法精确地测算,受灾点的数量、位置分布、物资需求量的种类和数量无法及时获得,在应急物资运输过程中的运输道路的破坏程度、修复道路需要的时间、道路的运输能力这些信息均是模糊的,因此应急物资分配决策是一种不确定性决策,需要尽量通过各种手段和方式掌握有关信息资料,必要时需要根据决策者的直觉、经验和判断,果断行事。

二、应急物资分配决策体系的架构

应急物资分配决策系统是指在突发性灾害事件发生后,决策主体为实现应急物资的有效分配,为设定应急物资分配决策目标、提出应急物资分配备选方案、协调处理物资分配工作、实施绩效评估而建立的一种反应模式,从应急决策的目的来看,应急物资分配决策就是在应急状态下选择从救援地到受灾点的物资分配的方案。任何一个决策系统是由决策主体、决策对象(客体)以及主客体之间的联系等要素构成。[①] 所以应急物资分配决策系统是灾害事件相关信息、物资分配决策主体、物资分配决策对象和分配方案组成的一个有机系统,如图3.1所示。这是从静态角度对应急物资分配决策内容、决策主体和决策对象等的立体思考,要把握应急物资分配决策的整个过程,提高应急物资分配决策的质量和水平,必须对这些问题进行深入研究。

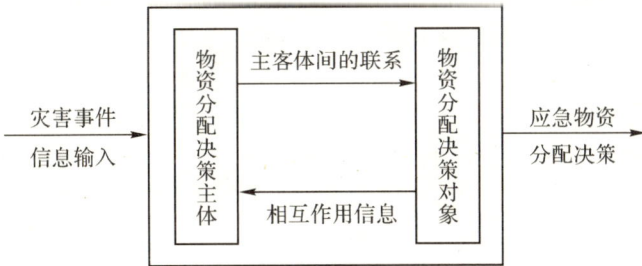

图 3.1 应急物资分配决策体系的架构

从这个体系架构图中反映出的应急物资分配决策的构成要素来看,我们可以把决策的结构用一个数学模型来表达。

Status(简称 S)表示信息输入状态集(即决策环境,即指影响应急物资分配

---

① 席酉民. 管理研究. 北京:机械工业出版社,2000:328.

决策方案产生、存在和发展的一切因素的总和。一个应急物资分配决策是否正确,能否顺利实施,它的影响效果如何,不仅取决于应急物资分配决策者和应急物资分配决策方案,而且直接取决于应急物资分配决策所处的环境和条件)。

Action(简称 A)表示行动策略集(即行动策略,指从各个应急物资救援点向各个受灾点分配应急物资的种类和数量的所有的分配方案的集合)。

则应急物资分配决策目标函数(即决策目标)用 Goal(简称 G)表示为:

$$G=F(S,A)$$

三、应急物资分配决策体系的构成要素分析

应急物资分配决策是一种应急决策,它有着与常规决策不同的含义和特点。突发性灾害事件发生的过程充满了风险,这时的决策与平时的常规决策很不相同,表现在价值选择、目标取向和实际结果上有很大的区别。灾害事件的突发性、风险性、不确定性,使每一个应急物资分配决策者面临的情境都不相同。

下面从应急物资分配决策系统的构成要素角度,分析其与常规物资分配决策的不同点:

(一)决策主体

决策主体又叫决策者,是决策动作的发出者。根据决策主体中具有人格结构元素的多少,它一般分为个体决策和群体决策。个体决策是决策者为达到某个目的依据个人掌握的信息、自身价值和偏好进行的方案抉择活动,而群体决策是决策者为达到某个目的根据组织内多数人认同的价值观和判断所进行的方案选择活动。应急物资分配决策是为了减少因突发性灾害事件而导致的广大受灾地的损失而开展的救援活动,因此是群体决策的范畴。

应急物资分配决策的主体往往是政府(如各级民政部门、卫生部门、国家防汛抗旱总指挥部)或非政府公共组织(如红十字会),因此属于公共决策的范畴。决策者拥有应急状态下的许多特殊权利,如有权调用现有的各种资源,包括各种交通设施、公共物资、各类人力资源(如部队、医务人员、消防人员以及警察)和信息系统[如地理信息系统(Geographic Information System,GIS)、卫星、遥感技术]。

灾害事件发生的突发性、紧急性和不确定性,给应急物资分配决策主体带来高度紧张,受多种因素的影响形成多重压力,应急物资分配决策者的受力模型如图 3.2 所示。

从这一模型可以看出应急物资分配决策主体遭受两个方面的压力。

1.决策环境的压力

决策主体受到来自决策环境的压力,分为内、外部环境。

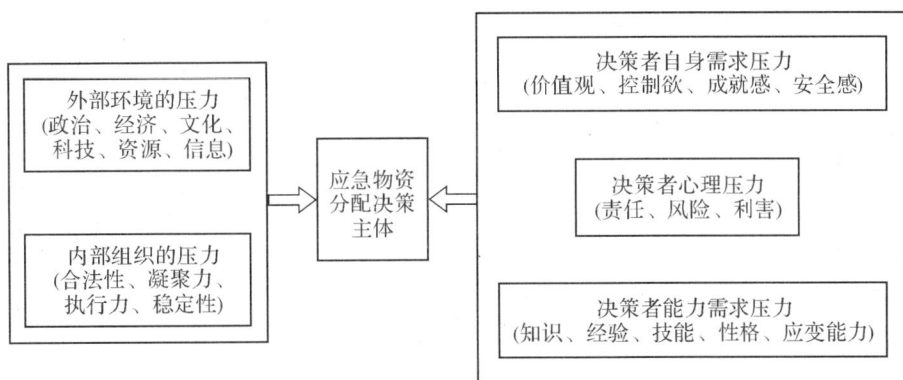

图 3.2 应急物资分配决策者的受力模型

（1）外部环境压力

外部环境压力表现在很多方面：

①政治方面。有些灾害发生于国境交界处，有些应急物资来源于国际组织的捐赠，致使应急物资分配问题处理不当会影响国际关系，有些应急管理组织归属于某个政治团体，应急物资分配问题处理不当会影响该政治团体在国家的势力，这些属于政治环境的压力。

②经济方面。应急物资分配需要国家或地区经济实力的支持，不仅需要消耗该国家或地区的应急物资储备库的物资，而且需要发动相关企业进行紧急生产和补充，这些都需要大额资金，如果不能充分发挥有限的应急物资的最大效用，会影响国家和地区的经济发展。

③文化方面。决策者在决策过程中需要与来自不同组织、社会团体的人员合作和交流，不同组织和团体的文化是有差异的，表现在交流习惯、交流方式、交流语言等方面，文化差异会影响交流的效果，从而给决策者造成压力。

④科技方面。一些应急物资如救援设备的运输、保养、使用和安装会受到技术环境的影响。如果物资运输过程中物资被损坏影响其使用，会影响救援效率，所以需要技术人员的全程参与。

⑤资源方面。资源包括人力资源、物力资源、财力资源，应急物资分配决策者在做分配决策时肯定会受到这些资源方面的约束，能否在有限资源的条件下，从受灾地附近及时获得所需资源是应急物资分配决策能否实现救援目标的关键所在，因此决策者受到的资源环境的压力是非常大的。

⑥信息方面。在分配决策方案的产生过程中需要搜集许多灾害信息、受灾地的需求信息、救援地的供应信息和物资运输的交通信息等，能否及时获得这些信息直接影响决策效率和决策效果，形成了信息环境的压力。

（2）内部环境压力

内部环境压力包括以下几个方面：

①内部组织的合法性。当应急物资分配决策主体是非政府组织时,组织的合法性可能会影响分配的实施,如不能得到相关部门的支持和配合,决策主体的决策方案就得不到及时有效实施,影响救援效率。

②内部组织的凝聚力。由于灾害事件的突发性,很多应急物资分配组织是由来自不同组织的人员临时组建的,如某地发生洪水灾害,当地政府会召集当地民政部门、水利部门、交通管理部门等相关人员临时组建抗洪小组,来统一指挥抗洪抢险活动。这些临时组织在决策和行动方面容易产生分歧,各自为政,凝聚力可能会相应减弱,因而组织的凝聚力会影响组织活动的效率。

③内部组织的执行力。一方面,临时召集的团队成员中有些可能是非专业人员,在对突发事件救援处理方面的工作经验比较少,甚至没有。另一方面,人们对于一些鲜少发生的突发事件的认识很少,如2003年的"SARS"病毒突发事件发生时,来势汹汹,面对此类卫生突发事件,民众措手不及,应急组织的应对能力相对很弱,而后来在面对如"H1N1"、"H7N9"等病毒的卫生事件时,应急组织的应对能力越来越强,所以对突发事件越陌生,组织的执行能力越会受到严重考验。

④内部组织的稳定性。由于内部组织的临时性,团队成员均是处于兼职工作的状态,他们可能会因原工作团队的召唤而随时撤退,从而内部组织的稳定性会受到影响,给决策主体造成压力。

组织内部环境的这些特征都使决策主体承受很多压力。

2.决策者自身的压力

决策主体受到来自决策者自身的压力,表现在自身需求、能力需求、心理等三重压力。

（1）自身需求压力

自身需求压力包括以下几个方面：

①自身价值观的压力。价值观是人们对社会存在的反映,是社会成员用来评价行为、事物以及从各种可能的目标中选择自己合意目标的准则。作为应急物资分配决策主体的政府部门和非政府组织,其价值观必是对人民群众生命和财产的安全负责,实现其崇高的社会价值,对自身价值实现的强烈需求会给决策主体造成压力。

②自身控制欲的压力。应急物资分配救援行动的实施是否在物资分配决策主体的控制范围内,直接影响救援效果。而如果局面失控,应急物资不能发挥最大救援效用,会影响应急主体在人民群众中的公信力。因此,这种控制欲

对决策者产生的压力可想而知。

③自身成就感的压力。应急物资分配决策主体往往是由上级组织任命,或者是自愿参加救援的,因此他们对救援效果有强烈的期盼。如果救援不力,决策主体会有强烈失败感;反之救援效果明显,可以大大增强其成就感。

④自身安全感的压力。危机管理不能兼容错误,决策主体如果在危机管理中失败,后果是相当严重的,在救援实践中不乏因救援不力导致丢掉饭碗的案例,因此在责任重大的情形下,害怕出错会成为一种重要的压力来源。

(2)能力需求压力

能力需求压力包括以下几个方面:

①知识需求压力。在救援过程中,要运用到各种知识,包括公共管理知识、应急救援知识、灾害经济学知识、交通运输知识、心理管理知识等,这些知识的缺乏或者不完善会给决策主体带来一定的压力。

②经验需求压力。应急救援需要决策主体具有丰富的救援经验,而这些经验从书本里是学不来的,需要决策主体的亲身经历才能积累起来,对于救援经验不够丰富的决策主体来说,经验的缺乏会带来无形的压力。

③技能需求压力。与应急决策有关的技能应包括决策技能、应变技能、创造技能、分析判断技能、指挥技能、组织协调技能等,而且应急决策者要快速做出有效的决策,不能仅依靠一种技能,必须依靠多种技能的有机结合,即才能。面临突变,显然有才能的应急决策者能很快适应巨大的心理压力。

④气质需求压力。气质是指表现在人的心理活动和行为的动力方面的、稳定的个人特点。人的气质具有一定的先天性,也没有好坏的区别。例如,胆汁质的人生气勃勃,动作迅速而有力,但容易暴躁、任性;黏液质的人有较强的自制力,遇事沉着冷静,但容易对周围事物冷淡,动作迟缓。因此,在任何一种气质类型基础上,既可以发展良好的性格、意志品质和优异的才能,也可以发展不良的性格、意志品质和限制才能的发展,所以,气质对应急决策者心理承受力的影响,是通过影响其性格、意志品质和能力间接地进行,而且是既有积极的方面,也有消极的方面。

⑤应变能力压力。应急物资分配决策主体要面对许多方面的困难,如各种媒体的采访应对、组织协调方面的问题、可供利用的资源短缺、不同部门之间的矛盾等问题。决策主体还可能发现他们经常需要转换角色,如面对媒体、面对受灾的相关人员等。要解决这些问题,克服这些困难都需要决策主体有一定的应变能力。

(3)心理压力

心理压力包括以下几个方面:

①责任感压力。应急物资分配决策主体在应急管理中承担着重大责任,关系到灾区人民的生命损失和财产损失能不能得到最大程度的降低,这种强烈的责任感给决策主体带来巨大压力。

②决策风险压力。应急物资分配决策是一种风险决策,决策所需要的信息能否及时获得、决策实施后能否起到预想的效果均具有很大的不确定性,决策风险对决策主体无疑是种心理压力。

③利害关系压力。应急物资分配决策后果对决策者个人的利害关系很大,如不能在较短时间内完成分配任务或者分配造成受灾地区之间的不公平,会影响决策者个人的威信甚至政治仕途。

好的应急物资分配决策者能够积极地应对各种压力,从容地指挥,正确地决策。应急物资分配决策者不仅应该从知识和技术上,更应该从心理上做好应急管理的准备,因此对应急物资分配决策人员的培训是提高他们应对压力能力的重要手段。

决策者在突发性灾害事件情境下,制约因素很多,应该属于管理学家西蒙所主张的有限理性人假设。Simon(2000)认为,有限理性人具有三个基本特征:生理条件限制决策的知识不完备性,预期体验和真实体验的不一致性表现出的价值或偏好的不一致性,针对决策问题的满意选择而非最优选择。物资分配决策者进行决策时,在各种特殊的约束条件下,他面临的决策行动要使得预期目标的效用期望值最大。

而常规物资分配决策的主体有两种情况:

一是计划经济时代的各级政府部门,针对所管辖区域内社会生产生活中需要的各种物资,包括煤、石油、钢铁、木材等生产物资,以及住房、粮食、家具、衣服等生活物资,按照"统一计划,分级管理"的原则进行分配。而对于一些重要的生产物资国家会制订统一的生产计划,按照生产计划在全国范围内进行计划调配。在下达生产任务的同时,国家物资总局按相关规定开具一批这类产品生产所需的物资和材料分配调拨单。随着各类物资市场的逐渐开放,这种分配逐渐由"指令性计划"向"指导性计划",再向"市场调节"转变。

二是市场经济环境下的企业(或集团),针对自己企业(或集团)内部的物资统筹安排,这种情况的主体是营利性的组织,而且企业除了有权利使用自己拥有的资源外,无权调用其他企业的资源。

总之,常规物资分配决策者一般属于理性人假设,它在比较宽松环境下面对一个决策问题有充足的时间和保障,能对知识系统进行搜索,制订周全的分配方案集,并在所有方案中进行全面比较,择优选用。

(二)决策客体

决策客体是决策的对象和环境。决策对象与决策环境的特点、性质决定着决策活动的内容及其复杂程度。

1. 决策对象

(1)决策对象的概念和特征

决策对象是指决策主体能够施加影响和控制的客体事物,凡是管理中所涉及的人、事、物都是决策的对象。决策对象具有的特点是:

①人的行为能够施加影响。在人类社会活动中,人的行为能够施加影响的系统,都可作为决策对象;反之,人的行为不能影响的系统,就不能作为决策对象。比如,全国人民代表大会的决策对象无疑是整个国家,军队的一个团的决策对象当然是以战争形势为条件的一个团,厂长(经理)的决策对象就是由他经营的企业,总工程师的决策对象是由他主管的那一项工程,夫妇及孩子构成的家庭的决策对象是以社会为条件的家庭。这里的国家、军队、企业、工程、家庭,都是人的行为能够影响的系统,均可作为决策对象。

②决策对象的概念在不断发展。也就是说,随着人类社会的不断发展,随着科学技术的日益进步,人的行为所能影响的范围在逐步扩大,而没有被发现和认识的东西不可能作为决策对象;只有被发现和认识了的东西,才可能作为决策对象。如在飞机没有发明之前,不可能决定"飞"到某地去,在宇宙飞船没有发明之前,不可能决定登月。

③决策对象具有明确的边界。即决策对象有明确的内涵与外延,我们知道,决策者必然是决策对象的一部分,所以,决策对象所构成的系统就不是一般的系统,而是包括决策者在内的系统,而"人"在这个系统中是以决策者的功能出现的,这样就把决策系统与一般的系统严格地区别开来了。

综上所述,决策对象就是可控、可调的处于某一层次的一个要素,即在人的意志指导下,能对之施加影响并且具有明确边界的系统。

(2)应急物资分配决策的决策对象

应急物资分配决策的决策对象是应急物资分配决策主体在其职责范围内所能控制的灾区急需的各种应急物资,比如灾害发生时为灾区人民提供温饱的生活必需品、治疗伤员和防预疫情的医疗物资以及处理灾害事故所需的处置装备等。应急物资的种类众多,突发性灾害事件发生后,灾区需要的应急物资的种类是由灾害事件自身的特性决定的。如在地震灾害中,往往需要帐篷、食物、药品、被褥等较多的生活类物资;在洪水灾害中,抽水泵、冲锋舟、救生衣等应急处置设备的需求为最大;而在特大交通事故中,需要大量使用滑轮、三脚架和绳索等工具,以及救护车和救护床等。

(3)常规物资分配决策的决策对象

常规物资分配决策的第一种情况,决策对象是各部门分管的各类物资,包括金属材料、化工原料、建筑材料、机电设备、燃料、木材等多类物资,如钢材、木材、生铁、平板玻璃、铜、铝、锌、废钢铁、硫酸、烧碱、纯碱、橡胶、汽车、煤炭、焦炭、重油、工业锅炉等物资。

常规物资分配决策的第二种情况的决策对象是自己企业(或集团)内部的物资,如浙江物产集团是一家以生产资料国内外贸易为主业的现代流通企业集团,其物资分配决策的对象主要是对集团所经营的钢材、铁矿石、汽车、煤炭、油品和化工产品等物资在其经营范围内的分配。

2.决策环境

(1)决策环境概述

决策环境是指影响决策产生、存在和发展的一切因素的总和。一个决策是否正确,能否顺利实施,它的影响效果如何,不仅取决于决策者和决策方案,而且直接取决于决策所处的环境和条件。因此决策者在做决策之前要对所处的决策环境进行评估,这时要注意各种关系的内在联系,因为决策环境是由各种因素组成的,它们之间存在着一定的联系和相互作用,并产生各种结果。评估决策环境的相互关系,首先要对以下几个方面有所了解:

①决策环境的背景。关系的形成是一个过程,现有关系状况总是在一定条件下,受某些因素作用而形成的。

②决策环境内部相关因素。了解目前环境状况是由哪些因素构成的,以及其构成的方式如何。

③利害关系。决策者分析环境关系,关键问题在于分析利害关系,只有分清了利害,环境分析才有意义、有价值。

(2)应急物资分配决策的决策环境

应急物资分配决策的决策环境是突发性灾害事件的自然状态和背景。如特大地震救援行动中的物资分配决策环境不仅包括地震发生的时间、地点、震级、地震烈度,以及由此引起的受灾面积和人口,还包括当地的人口密度、经济发展水平、建筑物的设防等级,以及当地政府的应急管理水平,乃至包括当时的国际国内经济政治关系所决定的各种救援力量等。可以看出,应急物资分配决策环境具有如下特点:

①多层次性。从国际环境到国内环境,再到国内某区域环境,体现了从宏观到微观的层次性,如在 2015 年 4 月的尼泊尔地震救援时,因强震造成尼泊尔国内各地及周边多国地区如中国和印度等受灾,再由于尼泊尔是旅游胜地,使来自多个国家的众多旅游者的生命和财产遭受损失,因此应急物资分配涉及从国际到国内多个层次。

②复杂性。突发性灾害事件所产生的环境是复杂多变的,包括致灾因子、

孕灾环境以及承灾体等方面的内外部环境所反映出的各种矛盾,而且这些矛盾在突发事件中是客观存在的,不以人的意志而转移的。面对复杂多变的决策环境时,决策主体要根据不同的情境提出不同的应对策略。

③与决策方案的互动性。环境是应急物资分配决策产生的背景,也是决策方案得以实现的前提。它不仅提出了各种决策约束,也为决策提供了有利的环境。应急物资分配决策受到客观环境的制约,但决策的结果反过来对外部环境产生反作用。所以,决策者在进行应急物资分配决策时,要充分利用各种条件,收集这些必要的环境信息,并对信息合理有效加工,提炼出可能的制约因素和有利因素,为决策提供尽可能充分的依据。

而常规物资分配决策所处的环境相对来说是简单的、稳定的。

(三)决策目标

1.决策目标及特点

所谓决策目标是指决策系统解决问题最终要实现或达到的预期结果或目的。决策目标是决策制定的基础,决策目标如果不明确,也就难以拟订各种备选方案,对方案的评价也就没有标准。因此作为方案制订和执行的导向,决策目标是决策的前提。

按照目标的数量,我们把决策分为单目标决策和多目标决策两种类型。前者是指只有一个决策目标的决策,决策的目的是满足某个指标要求。而后者是指系统方案的选择取决于多个目标的满足程度,这类决策问题称为多目标决策,或称为多目标最优化。在社会经济系统的研究控制过程中我们所面临的系统决策问题常常是多目标的,例如我们在研究生产过程的组织决策时,既要考虑生产系统的产量最大,又要使产品质量高、生产成本低等。这些目标之间相互作用和矛盾,使决策过程相当复杂,因此决策者常常很难轻易做出决策。这类具有多个目标的决策总是就是多目标决策。多目标决策方法现已广泛地应用于工艺过程、工艺设计、配方配比、水资源利用、能源、环境、人口、教育、经济管理等领域。

2.应急物资分配决策的决策目标

由于应急物资分配决策的系统复杂性,决策必定有多个决策目标,但在一定条件下,可以简化、归并和缩减,而且决策目标会随着灾害事件事态的演变而变化,决策者需要不断地做出调整和修正。

在灾害事件的发生初期:突发性灾害事件发生后,人民的生命或财产往往会遭受不同程度的损失,所以这时,应急物资分配决策的目标首先是要把保障人员的生命和财产安全放在优先地位,积极有效地开展救援活动,最大限度地减少人员伤亡和危害,因而在突发事件发生的黄金救援时间内(国际公认为72

小时），一般以救援时间最短和损失最少为目标。

在灾后重建阶段：灾情基本被控制后，决策者就会着重考虑如何充分有效地利用有限的救援物资重建家园，决策目标的重点就相应地转移到成本性的指标上。

3.常规物资分配决策的决策目标

常规物资分配的决策目标会与应急物资分配决策目标会有所不同。

如果是第一种计划经济时代下的各级政府为决策主体的情况，计划经济时代下，各级政府会把每个地区的分配物资的公平性，作为首要目标，每个地区都享有发展的权利，因此享有物资的权力也是平等的。

如果是第二种市场经济体制下的企业为决策主体的情况，因为决策主体是营利性组织，所以物资分配往往以总成本最少为目标，或者以分配的总收益最大为目标。

(四)决策模式

决策模式是决策系统中对决策过程客观规律的表述，是决策者进行决策必须遵循的规律，它指导决策者进行正确的决策。

应急物资分配决策是针对突发性灾害事件做出的决策，每个灾害事件发生的强度、地点和时间等要素均不相同，所以决策时没有完全相同的案例可以参照，具有大量不确定的因素，决策往往没有充分的把握，是非程序化决策。非程序化决策往往没有固定的决策程序，允许"随机应变"。如在民政部救灾救济司2008年6月1日发布的《汶川地震抗震救灾生活类物资分配办法》的第十三条明确规定："遇到紧急情况时，抗震救灾生活类物资的分配可以特事特办，抗震救灾生活类物资调配中心负责人经请示上级主管领导同意后，可先发放物资，后补办手续。"这一规定充分体现了应急物资分配决策的非程序性。

而常规物资分配决策是对一个经常反复出现的物资分配问题做决策，有规律可循，程序相对固定。

(五)约束条件

1.约束条件概述

决策总是面向未来的，决策方案的实施会受到来自各方面因素的制约，我们把未来客观环境中影响决策方案实施的各种因素称为约束条件。决策不是对现有事物进行比较选择，而是对未来活动的安排，制订决策方案所依据的是未来某一时刻所存在的约束条件。而在未来有多少个约束条件发挥作用，以及约束的程度如何，都是不确定的，即决策所赖以进行优化选择的约束条件在很多情况下都是未知的，是决策者对约束条件本身及其相互关系进行的假设。而要保证所制订的决策方案实施的成效与决策者原有的预期一致，最基本的要求是保证对约束条件所做的假设与客观现实完全一致。但是,决策又是一项实践性很强的活动,如果仅仅注重研究理论上的最优方法和程序,忽视了实际中是否具备运用这些方法的条件,这些理论和方法必然会与实际有很大距离。因此,我们不仅要研究理论上的决策规律、最优方法和程序,而且也要研究那些实际中处于各种条件约束下的决策规律和方法。在决策方案的制订、分析和评选过程中,能否对未来环境中的各种约束因素做出科学的预见,并采取正确的防范措施,是关系到决策目标能否得以实现的关键性问题。

2.应急物资分配决策的约束条件

应急物资分配决策要顺利实现决策目标,同样需要对决策的约束条件进行系统分析,我们把约束分为两大类。

(1)客观因素的制约

客观因素的制约包括以下几个方面:

①时间约束。因为突发性灾害事件是在短时间内迅速发生,影响迅速扩大,如果不能在灾区的需求极限时间内把应急物资运送至灾民手中,会使灾区的损失扩大,影响救灾效果。

②信息约束。因为灾区的道路可能中断,信息阻塞,灾情信息、道路信息不能及时汇总到决策者处,而且信息可能随机变化不定,因此会影响决策制定及决策效果。

③资源约束。灾害事件发生后,灾区在短时间内产生大量物资需求,而应急物资供应往往不足,从而会使灾区的需求不能全部满足,灾情不能完全控制。

这些客观的约束条件,在不同的灾害事件中各不相同,只有通过救援案例分析,从以往的案例研究中把握规律,做好事前的预案准备,才可能使灾害事件所造成的影响和损失减少到最低的程度。

如在1994年1月发生在美国洛杉矶郊外的大地震和1995年1月的日本神户大地震,这两次大地震都致使当地的电力、交通和通信受到极大的破坏,这对决策层及时获得灾区的准确信息,从而做出快速决策提出了严峻的考验。当时两国决策层的表现差异很大,美国在震后2分钟后,洛杉矶市的三架直升机就奉命飞往灾区,在空中搜索有价值的情报,而日本在大地震发生6小时后,仍没有获得关于灾区的第一手资料。从这两个案例的分析中可以看出,显然日本的做法使应急物资分配决策所面临的信息约束更强,而美国决策者所面临的信息约束相对会弱,深层原因是日本相对美国,其应急救援的人力资源紧缺,技术支持稀缺。

(2)主观因素的制约

主观因素的制约主要体现在决策者对突发事件的认知水平、应急反应能力、决策机制和决策环境等方面。有些突发事件的发生频率很小,决策者没有足够的应对经验,对此类事件的发生原因、发展机理、应对措施等缺少认识,从而表现出应急反应能力低、无从应对的问题。美国洛杉矶地震之后救灾指挥部的快速建立与其认知水平比较高,应对危机的决策和救援机制比较灵敏,政府的信誉和管理能力比较强这些因素是密不可分的。

3.常规物资分配决策的约束条件

常规物资分配决策的主、客观条件是基本已知的。

(1)客观条件

在客观方面,决策者有比较充足的信息源为其提供决策所需的信息,也有充足的时间来安排各项工作,包括所需物资的采购、包装、运输、分拣等工作,以及对所需技术的引进等,因此受到客观条件的约束是有限的。

(2)主观条件

在主观方面,决策主体对所做的物资分配决策足够了解,并且拥有相应的专业知识,也有相对足够的应对经验和应对能力,因此受到主观条件的约束相对会弱。

(六)决策效果

决策效果是决策主体在设定决策目标,综合考虑决策环境、约束条件后确定的实现决策目标的最优决策方案并实施后产生的最终结果,是决策成功与否的重要标志。如果决策方案运行后,决策目标实现,相关方的需求都得到满足,经济效益、环境效益、和社会反应都很好,说明决策产生了比较好的效果,反之,决策效果就差。

应急物资分配决策面临的随机不确定的因素很多,在紧急情况下,决策者在衡量决策预期目标与每种方案的最终结果时,在决策允许时间有限、决策信息很难全部掌握的条件下,往往会在多方案比较中选择次优或满意的方案,因而决策方案的实施效果可能不是所有方案中最好的。而常规物资分配决策由于背景、特点和规律基本掌握,可靠性较强,可以不断优化,是在所有可行方案中寻找最优方案。

第二节 应急物资分配决策的特点分析

从以上应急物资分配决策与常规物资分配决策的比较来看,应急物资分配决策,具有以下特点:

一、决策主体的多元性

应急物资分配决策的主体是多元的,有正式组织和非正式组织。

(一)正式组织

在中国,各级政府均设有应急管理部门,但是对应急物资的管理是由不同部门负责的,如在浙江省就有几个部门分别负责不同物资的管理。

1.民政厅

民政厅设有救灾救济处,其主要职能有:拟定救灾减灾政策、规划,组织协调救灾减灾工作和自然灾害救助应急体系建设,组织灾情核查、会商和统一发布,管理、分配救灾款物并监督使用,组织指导救灾捐赠和分配救灾捐赠款物,承担省减灾委员会具体工作。

其中一个重要的职能就是主要负责分配可为人民生活提供基本保障的应急物资,包括吃、穿、住、用几个方面,如提供方便面、矿泉水、棉被、毛巾、应急灯、帐篷等物资的分配。

2.水利厅

水利厅设有防汛办,其应急管理方面的主要职能有:负责全省汛情、旱情及洪旱灾情掌握和发布,组织、指导、监督重要江河防汛演练和抗洪抢险工作;负责全省防汛抗旱指挥部各成员单位综合协调工作,组织相关成员单位分析会商、研究部署和开展防汛抗旱工作,并向省防汛抗旱指挥部提出重要防汛抗旱指挥、调度、决策意见;负责中央和省防汛抗旱资金管理的有关工作,指导全省防汛抗旱物资的储备与管理、防汛抗旱机动抢险队和抗旱服务组织的建设与管理等职能。

总之,作为应急物资分配主体防汛办,主要负责防汛物资的分配,如水泵等救援设备的分配。

3.卫生厅

卫生厅设有公共卫生应急处理办公室,其主要职能是:拟定卫生应急和紧急医学救援规划、制度、预案和措施,指导突发公共卫生事件的预防准备、监测预警、处置救援、分析评估等卫生应急活动,指导地方对突发公共卫生事件和其他突发事件实施预防控制和紧急医学救援,组织实施对突发急性传染病防控和应急措施,对重大灾害、恐怖、中毒事件及核事故、辐射事故、生物安全事故等组织实施紧急医学救援,发布突发公共卫生事件应急处置信息。

作为应急物资分配决策的决策主体,主要负责各种医药类应急物资的分配。

4.其他部门

另外,其他一些部门在应急物资分配时做一些辅助工作,如交通厅制订了针对突发事件的应急预案,突发事件发生时,交通厅相关部门会积极安排有关人员对应急车辆优先调度、优先放行,以确保应急物资运输过程畅通无阻。

(二)非政府组织

除了以上政府组织外,决策主体还有一些非政府组织(如红十字会和慈善总会)和普通民众。起源于国际红十字会的非政府组织与上文所述的政府相关部门是独立的,并且是不以营利为目的。非政府组织通常机构规模比较小,具有船小好调头的优势,灵活性强,应对突发事件反应迅速。灾害发生后的很短时间内,他们往往能够快速组织社会人士捐款捐物活动,召集所需志愿者,并到现场进行救助。

例如在 2008 年的汶川大地震后,有 100 多个非政府组织参与了救援,其中还有 10 多个国际非政府组织,很多人刚刚从缅甸风灾的救援战场转移过来,就在为四川灾区提供物资、医疗、救援等方面的工作忙碌着。中国红十字会在此次救灾中扮演了非常重要的角色,该组织的重要职责之一就是开展备灾救灾工作,兴建和管理备灾救灾设施,在自然灾害和突发事件中,开展对受害者的救助和救护。"5·12"汶川地震灾害发生后,为了支援中国红十字总会,红十字与红新月国际联合会首次派遣由英国、丹麦等国红十字会人员组成紧急应急救援队(Emergency Response Unit,ERU),进驻四川省德阳市绵竹的九龙镇,开展人畜饮用供水、大众公共卫生紧急应急救援工作。云南省红十字会先后组派两支应急小分队参与 ERU 救援行动。云南省红十字备灾救灾中心先后 2 次派遣 3 人次赶赴灾区参与 ERU 应急救援行动,与国外及其他省市救援队一道为绵竹市的九龙、遵道、金花和板桥 4 个乡镇的受灾群众修建、组装、维护 306 个简易户外厕所,并向当地村民提供卫生保洁用品,并对当地约 4 万名群众进行卫生健康教育和卫生知识宣传(主要为社区群众和学校师生进行卫生教育与宣传)。"5·12"地震紧急救援结束后,中国红十字会总会将英国红十字会公众卫生应急队捐赠的价值 300 万元的装备调拨给云南省红十字会。云南省红十字会以此批救援装备为依托,组建"云南省红十字会应急救援队(即云南省红十字会紧急救援队)",并在 2009 年 5 月 12 日"5·12"全国首个防灾减灾日大型纪念宣传活动上举行了授旗仪式,宣布云南省红十字会 ERT 正式成立。

二、决策客体的复杂性

(一)决策对象的复杂性

应急物资种类很多,有不同的分类方法,参照《应急保障物资分类及产品名录》,国家发改委将应急物资分为 13 类,即防护用品类、生命救助类、生命支持类、救援运载类等(见表 3.1),下设 58 个品类物资。

表 3.1　应急物资类别

物资类别	具体分类
防护用品类设备	卫生防疫、化学放射污染、消防、海难、防爆、通用
生命救助类设备	外伤、海难、高空坠落、掩埋、通用
生命支持类设备	窒息、呼吸中毒、食物中毒、通用
救援运载类设备	防疫、海难、空投、通用
临时食宿类用品	饮食、饮用水、食品、住宿、卫生
污染清理类设备	防疫、垃圾清理、核辐射、通用
动力燃料类设备	发电、配电、气源、燃料、通用
工程设备类设备	岩土、水工、通风、起重、机械、气象、牵引、消防
器材工具类设备	起重、破碎紧固、消防、声光报警、观察、通用
照明设备类设备	工作照明、场地照明
通讯广播类设备	无线通信、广播
交通运输类设施	桥梁、陆地、水上、空中
工程材料类材料	防水防雨抢修、临时建筑构筑物、防洪

　　不同物资应用于不同种类的灾害事件,所以物资又可以分为自然灾害类应急物资、事故灾害类应急物资、公共卫生事件类应急物资、社会安全事件类应急物资四类(见表 3.2)。

表 3.2　不同类型的突发事件对应的物资需求

突发事件类型	专业应急物资	后勤保障物资	救济生活物资	居民生活物资
自然灾害	生命搜救、救生设施,消毒、灭菌药物,破冰、铲雪等设施,工业盐、融雪剂等,沙子、麻袋等	车辆、石油等交通运输资源,水、食物,等等	衣服、被子、帐篷等防寒物资,饮用水及方便面等食品	粮食、水、食盐、蔬菜、食用油、肉等日常用品,电、天然气等
事故灾害	生命搜救、救生设施,专业消毒剂,专业检测等设备			
公共卫生事件	防护设备,救护车,检测等设备,专业消、解毒等药品			
社会安全事件	防护类装备,安检类装备,排爆类装备,应急通信装备,武器装备;侦查类装备等			

　　资料来源:张薇.突发事件应急物资储备模型探究.商场现代化,2009.5(上旬刊):130—131.

即使是同一个灾害事件中,每个受灾区对各种物资的需求紧急程度也是不一样的,如在 2008 年汶川地震后,四川"5·12"民间救助服务中心于 5 月 17 日公布了不同受灾区的紧缺物资,如表 3.3 所示:

表 3.3　5 月 17 日紧缺物资需求信息汇总

位置	急需物资
青川县	50 万顶帐篷
绵阳市	口罩、抗生素、血浆制品(非常急需)、假肢(小儿)、内固定钢钉,钢板
北川	胃肠道疾病内科、发烧口服和针剂、破伤风抗毒素、皮肤疾病(莫匹罗星)
绵竹市	帐篷、饮用水、方便面、大米、塑料布、电筒、电池、口罩、手套、各种救济药品、柴油、汽油等
彭州市	水和食品、帐篷、消毒用品
茂县	各种医疗器材和消毒灵、阿莫西林、云南白药、哌替啶、螺旋霉素等药品、帐篷
文县	帐篷
汶川	大米、葡萄糖、饮用水、消毒剂
汉旺镇	消毒药品
成都	洒水车、移动式厕所、吸粪车、移动式净水车、垃圾车、垃圾桶、扫地车、运渣车
郫县	止血剂、氯化钠 10% 注射液、辛丝的明、头孢口服液、红药水、腰围和胸带

资料来源:http://www.douban.com/group/topic/3213571/

这些物资中的紧缺程度也是不一样的,排行如下:帐篷、药品、棉被、消毒品、大米、食用油、衣物、水等。

同一灾区在不同时间的应急物资需求也在随时发生变化。

(二)决策环境的复杂性

这里不仅指突发性灾害事件所产生的环境的复杂多变性,而且指应急物资分配的执行环境也很复杂,因为灾害影响经常会波及多个地区。如 2008 年的中国汶川地震,造成包括四川、陕西、甘肃等中国 5000 亿平方米的土地遭受破坏性影响;又如 2011 年的东日本大地震引发了区域海啸、核危机、燃气泄漏、民宅着火等次生灾害,也使多个地区陷入严重受损的状态。这时要同时满足多个受灾地的应急需求,加剧了应急物资分配决策执行难度。

另一方面,决策者决策的正确性依赖决策信息的全面和准确,在科技发达的自媒体时代,获得灾区信息的来源也呈现出多渠道的特点。微博、空间等新媒体作为新一代的互联网应用,尽管在突发事件中起到了很大的传播作用,但与此同时,各种谣言借助微博传播也十分普遍,这样无形中加重了决策环境的复杂性。这时需要决策主体及时将受灾信息通过正常渠道发布,增加信息真实性和透明度,才能第一时间不断挤压谣言空间,增强公信力。同时应加强监管,对散播谣言、利用虚假信息敛财诈骗等行为予以严厉打击。

从以上的分析可以看出:一方面,决策对象种类繁多并随着不同灾害事件和不同受灾区的变化,需要的物资都不尽相同;另一方面,灾害事件的扩大使受灾区域增加,进一步增强了应急物资分配决策的复杂性。

三、决策目标的时间性

应急物资分配决策目标是多样的,包括时间性目标和成本性目标,其中时间性目标是首要目标,即要在最短的时间内将应急物资送到灾区手中。决策目标的时间性,源于灾害损失特别是人员伤亡,会随着救援时间的延长而增加。

如胡传平(2006)收集了 2000 年至 2002 年上海市区域内的火灾相关数据,运用统计分析研究了消防响应时间与潜在居民火灾死亡率的关系,研究结果如表 3.4 所示。

表 3.4 上海市区域灭火救援力量响应时间与每起具有潜在人员伤亡的居民火灾死亡率的关系

区域灭火救援力量响应时间(分钟)	每起具有潜在人员伤亡的居民火灾死亡率
0～5	0.0617
6～10	0.0670
11～15	0.1034
16～20	0.1795
>20	0.195

资料来源:胡传平.区域火灾风险评估与灭火救援力量布局优化研究.上海:同济大学,2006.

这个研究成果表明,应急物资分配决策为了使人民生命财产得到有效保障,必须以时间最短为首要目标。

而时间性目标往往与成本性目标之间存在二律背反的关系:一些分配方案的成本很低,但是时间性目标往往不能满足;而有些分配方案的救援时间最短,但成本往往较高。应急救援实践中,应急物资分配决策者在选择方案时需要在这两个目标之间进行权衡,而一般会认为人的生命高于一切,所以会选择救援时间最短为第一目标,以大量的人力、物力和财力资源来换取应急时间的缩短,致使成本偏高。

四、决策制定的协调性

这里的协调性，是指物资分配决策需要参与物资分配的各决策主体之间的协调合作。如果各决策主体各自为政，只从地区或部门角度出发，可能会导致物资分配的不合理，所以需要政府或者组织者从全局出发，对应急物资分配实行统一安排。

例如，2005 年 8 月发生在美国新奥尔良市和墨西哥湾的大部分地区的"卡特里娜"飓风使这些地区遭受了巨大的损失。灾害发生后，美国总统、路易斯安那州州长、新奥尔良市市长、国土安全部部长等政府官员的救援行动迟缓，这些官员的组织能力和领导能力因此受到了广泛质疑，事实上，美国分权形式的政府体制下的应急管理程序的统一协调性值得反思。根据规定的应急程序，当灾害发生后，先由当地的政府和州政府对灾情进行控制，如果形势超出了其能力范围，如不能及时提供急需的物资，再请求联邦政府给予援助，联邦政府根据灾区需求做出决策。这种程序的存在，致使市、州和联邦三个层次的几十个相关机构不能在灾难发生的短时间内形成一个统一的指挥协调机构，而是在相互等待，延误了救灾良机。在"9·11"后的机构改革中，联邦紧急事务管理局（Federal Emergency Management Agency，FEMA）的地位下降成了国土安全部的下级机构，虽然有救灾物资，但是执行能力大大降低。

五、决策模式的非程序性

应急物资分配是针对很少或从未发生的突发性灾害事件采取的应急处置措施，在灾害发生后的短时期内，在信息有限、资源有限、时间紧迫的环境下做决策时，必然要求决策过程尽可能简便，决策快速地执行，这时主要依靠决策者的决策经验、聪明才智去权衡各种方案的得失，按照当时的情境做出决断，所以这种决策必然是非程序化决策。

汶川大地震后的救援行动中，应急物资的采购、配送等操作均采取了最简洁的程序，甚至某些物资的需求只需手工抄写在一页简单的记录本上，便可快速地传送到目的地。而在上述"卡特里娜"飓风的应急处置中，如果联邦政府在国土安全局和各州政府中事先安排一些人手，当灾害发生后，由这些人手及时与灾区的地方政府和州政府的官员进行非正式沟通，迅速确定相关负责人，安排应急资源的调配，采取非程序性决策，相信应急救援效果会比严格按照原定程序好很多。

六、决策方案的权变性

在有限理性人假设下的应急物资分配决策者是在一个信息和资源均不完

备的状态下做决策的,在这种时间有限、信息压力、心理压力很强的状态下做决策时,往往很难找到最佳方案,这时需要从寻求"最优方案"到选择"满意方案"进行转变,并且要求决策者根据情境的变化灵活应对。在灾害事件下,轻灾区和重灾区会随着事态的进一步发展而相互转化,政府就要及时调整物资分配方案。因此,应急物资分配决策是一个复杂的动态过程。

例如,在汶川地震的救援工作中,最初因为信息中断等原因,根据从各方送来的报道,成都和都江堰等地区人员伤亡和损失严重,大量的救援物资分配到这几个地区,但是随着灾情的进一步明了,其实交通比较落后、信息沟通不畅的几个地区,如北川、绵竹、青川等县才是真正的极重灾区。这时就需要物资分配决策适时根据灾情进行及时调整。

七、决策效果的有效性

应急物资分配决策关系到灾区群众的生命和财产安全,因此要求决策效果必须有效,如果做出错误的决策或者错过最佳决策时机,给救灾工作带来的影响是不容小觑的。

以日本为例,2011 年 3 月 11 日 9 级大地震和之后的核泄漏,其伤亡和损失情况没有汶川地震大,这有功于日本长期以来注重防灾减灾工作,但也存在危机管理中救灾物资分配困难的严重问题。一是救灾设备分配效率不高,动用直升机要防卫大臣批准,用高压水车要警察厅长官审批,消防车要东京都知事派遣。二是震后物资配给不合理,宫城县仙台市一所只有 20 多人避难的中学校舍内,却分得 600 多支牙刷;而在另一所小学内,冷冻食品虽被送达,却没有配套设备难以加热食用。三是分配效果不佳,多个县的灾民处于没有自来水、暖气、电力以及定点供饭的状态中,对政府救援不力非常不满。可以说,应急物资分配成了日本地震核泄漏救灾的瓶颈,决定性地影响了灾后救援工作,导致损失进一步扩大。

第三节 应急物资分配决策的过程分析

在突发性灾害事件下的应急物资分配决策过程,一般都是符合常规物资分配决策的一些基本要求,只是由于应急决策的紧迫性,某些环节和步骤被大大简化甚至省略了。任何一个健全的决策程序应该是一个科学的流程,每一个步骤都有特定的含义,相互之间环环相扣,形成一个闭合的循环系统(桂维民,2007)。研究应急物资分配决策的过程与流程,应从动态角度对应急物资分配决策进行分析,这样有利于增强应急物资管理的针对性和可操作性。

按照 Simon 的决策理论,任何决策过程应遵循完整的四阶段理论,即情报活动阶段、设计活动阶段、抉择活动阶段、实施活动阶段,并称之为决策过程模型的四个阶段。

(1)情报活动阶段

新情报活动阶段的内容是调查环境,并定义要决策的事件和条件,获取决策所需要的有关信息。

(2)设计活动阶段

在一般情况下,实现目标的方案不应是一个,而是两个或更多的可供选择的方案。为了探索可供选择的方案,有时需要研究与实现目标有关的限制性因素。在制订方案的过程中,寻求和辨认限制性因素是没有终结的。对于复杂的决策问题,有时需要依靠有关业务部门或参谋——决策机构,汇集各方面的专家,一起制订方案。

(3)选择活动阶段

这个阶段包括方案论证和决策形成两个步骤。方案论证是对备选方案进行定量和定性的分析、比较和择优研究,为决策者最后选择进行初选,并把经过优化选择的可行方案提供给决策者。决策形成是决策者对经过论证的方案进行最后的抉择。

(4)实施活动阶段

选定方案后,即可付诸实施。在实施过程中还要收集实施过程中的情报。根据这些情报来进一步做继续执行、停止实施或修改后继续实施的决定。

根据这四阶段理论,可以设计出应急物资分配决策的过程,如图 3.3 所示。

从图 3.3 可以看出,应急物资分配决策是一个动态的决策过程,每个决策周期可以分为四个阶段。

一、信息收集阶段

(一)应急物资需求信息的不确定性

应急物资分配决策需要以物资需求信息为基础,应急物资的需求管理相对商业物资的需求管理来说,信息获取比较困难,主要原因是应急物资的需求信息具有不确定性,基于以下几个事实:

1. 应急物资需求信息的来源不确定

在商业物资管理中,客户是需求信息的提供者,特别是在供应链间的企业实现了交互信息管理,从 20 世纪 80 年代初的使用商品条码和电子扫描器,到后来的电子数据交换系统,直到现代的条码扫描和卫星通信,通过这些先进的

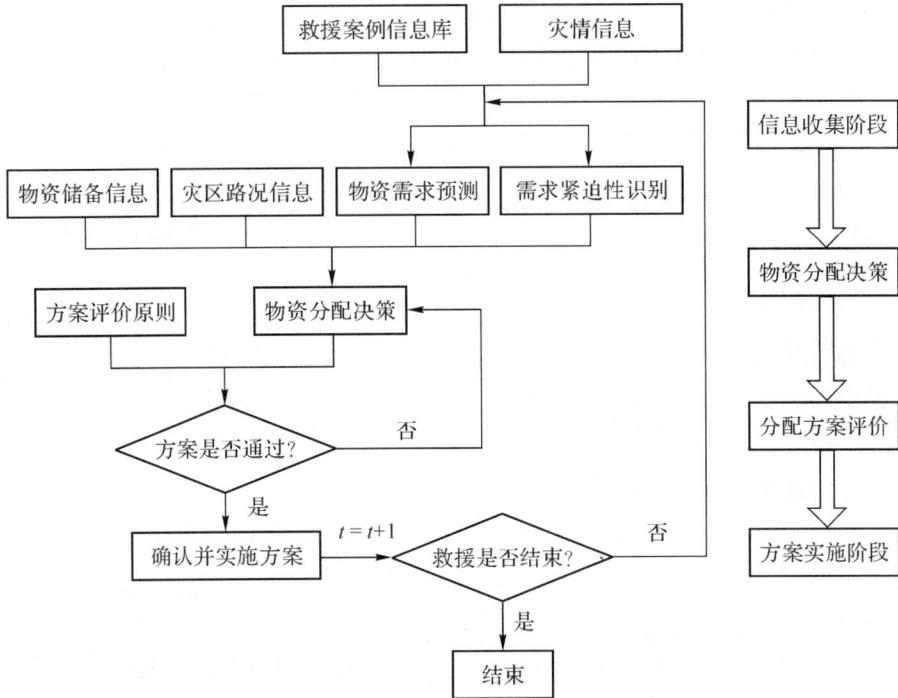

图 3.3　应急物资分配决策的过程

供应链信息管理系统,企业可以及时获得客户的需求量、需求品种和需求时间;而在应急物资管理中,在灾害事件突然发生的状态下,由于信息传播与外界中断,应急物资需求者往往自己不能提供需求信息,信息提供者经常由现场记者、救援人员和慈善机构来充当,因而导致需求信息的不对称性。

2.多元化的应急物资需求信息源提供的信息是局部和片面的

应急需求信息源是多元化的,如有来自不同正式组织和非正式组织的救援人员以及志愿者,由于交通阻塞,不同人得到的信息可能是片面的,不同信息源收集的需求信息有可能呈互补关系,也有可能呈交叉关系,在这样混乱的状态下,因为没有决策支持工具和充足的时间,无法验证这些多元信息的可靠性和相互关系。

例如在汶川地震后,新浪网新闻中心专门设置了一个"灾区紧缺物资信息平台",网易建立新闻专题"灾区紧急求助与救援信息平台",以及中央新闻频道、四川新闻频道、成都人民广播电台一天 24 小时滚动播出灾区的需求信息,有一些志愿者也在豆瓣网建立了一个"信息中心",这些信息通道为灾区物资需求信息的传出提供了便利。但是,不同信息通道只是传播其所观察到的部分灾区的需求信息,这个信息是点状的、支离的,而对于应急物资分配决策者来讲,要为灾区的所有灾民统一调配物资,就需要有全局的需求信息作为决策基础。

3.应急物资管理中的应急需求信息是以受灾地为基础的需求信息

应急物资管理中的应急需求信息是在各个受灾地各自需求信息的基础上进行累加得到的累计需求,如汶川地震中,对青川县统计应急物资需求总量时,需要对其管辖的 9 个镇、27 个乡的需求量汇总而获得,而在商业物资管理中经常使用分解技术对需求实施分解,即在企业产品总量确定的基础上,按照客户的需求比例,把产量分解成各地区客户的各自需求。

以上事实说明,应急物资需求信息具有很大的不确定性,这对应急物资需求管理的绩效造成很大影响,这种影响在近年发生的一系列灾害事件(如 1999 年的中国台湾大地震、2004 年的印度洋海啸、2005 年的美国卡特里娜飓风,以及 2008 年的缅甸风灾等)中早已体现。

(二)救援案例信息库的建立

理论上讲,不同种类的应急物资的需求量与不同的因素相关,如生活类物资需求量应与受灾地的存活人口(该地区总人口与死亡人口之差)相关,而医药类物资应与受伤人数相关。

Sheu(2010)在这种需求量与生存者数量高度相关的假设前提下,通过对由多元信息源提供的信息进行数据融合,提出了一种生活类物资需求预测模型,但是这个模型存在一个重大问题,即在救援初期,信息源提供的数据可靠性较低。在汶川地震后,吴新燕等(2009)第一时间收集了国家新闻办公室和国家抗震救灾指挥部等权威部门发布的死亡人数数据,汇总了灾后 20 天所报道的死亡人数与时间关系的数据,如图 3.4 所示。

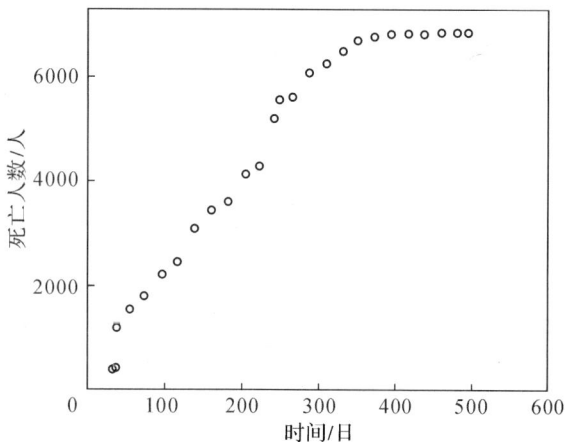

图 3.4 2008 年汶川地震后报道死亡人数随时间的变化

资料来源:吴新燕,顾建华,吴昊昱.地震报道死亡人数随时间变化的修正指数模型.地震学报,2009,31(4):457—463.

无独有偶,刘倬和吴忠良(2005)通过同一媒体(新浪网)资料收集了 2004 年印度洋地震海啸中死亡人数的报道,研究了海啸死亡总人数和时间变化的拟合关系,统计结果如图 3.5 所示。

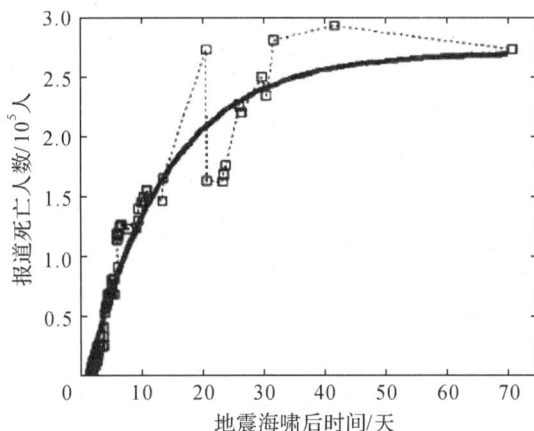

图 3.5　2004 年印度洋地震海啸报道死亡人数随时间的变化

资料来源:刘倬,吴忠良.地震和地震海啸中报道死亡人数随时间变化的一个简单模型.中国地震,2005,21(4):526—529.

由图 3.4 和图 3.5 可以看出,以上两个研究的研究成果得出一个共同结论,即震后报道死亡人数随时间增加呈指数增长的趋势。

又如 2011 年 3 月 11 日东日本大地震发生后,日本广播协会(Nippon Hōsō Kyokai, NHK)、警察厅、日本共同社和日本海上保安厅均对伤亡人口做了跟踪报道,图 3.6 是根据新浪网新闻中心的从 3 月 11 日到 4 月 19 日这 40 天中关于东日本大地震报道的滚动信息中截取的数据绘制而成。

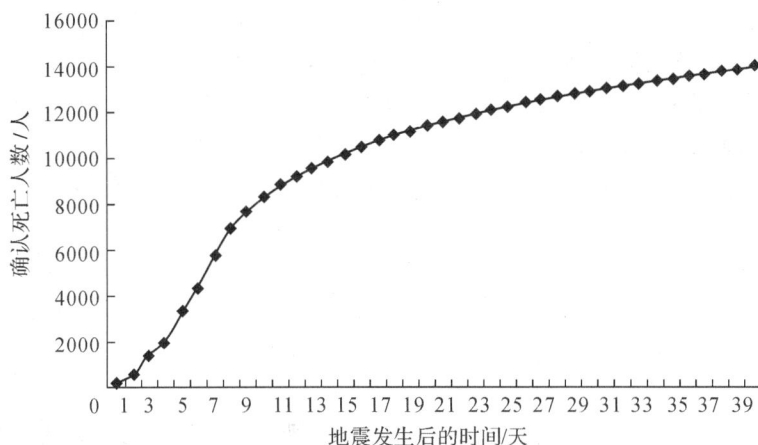

图 3.6　2011 年东日本大地震和海啸报道死亡人数随时间的变化

同样,从图 3.6 中可以得出,在救援黄金期(72 小时)内所报道的数据远远低于实际数据。

在救援初期,往往因为交通瘫痪和信息源阻塞,特别是当灾区范围较大时,灾后 24 小时的破坏情况还难以估计。这个时段提供的数据最不精确而且数量上是最小的,因而造成由这些信息而计算的生活类物资需求可能超过实际需求,而医药类物资却远小于实际需求,如果按照这样的数据进行分配物资,会导致生活类物资在有些灾区过量分配,医药类物资在有些灾区分配不足,前者会在救援初期物资比较紧缺的情况下,造成极大浪费,后者会使受伤人员得不到及时治疗,使得灾情进一步扩大。

从以上分析我们得出,在黄金救援期内,完全依靠新闻报道来获得应急物资需求信息是不可靠的,需要救援案例的帮助,因此建立救援案例库是非常必要的。在案例库的建设方面,我国相关机构已经做了很多工作,如地震出版社已经出版了《中国震例》1—9 册,记录了 1966 年到 2002 年间发生的 240 个地震共 210 个震例总结研究报告,这些报告可以供地震预测预报、地球物理、地球化学、地质、工程地震等领域的科技人员、地震灾害管理专家学者查询、对比和分析研究。

(三)灾情信息收集

对应急物资的需求预测离不开对灾害事件的基本属性的认识。在收集灾情信息时要注意信息的全面和有效性。本书认为要全面认识灾情,需要从灾害的形成机制入手。关于灾害形成机制,国内外主要有几种理论:致灾因子论、孕灾环境论、承灾体论及区域灾害系统论。

区域灾害系统论认为灾害是地球表层变异过程的产物,在灾害的形成过程中,致灾因子、孕灾环境、承灾体缺一不可,灾害是这三种因素综合作用的结果,而前三种理论对灾害的研究是不全面的。国内外有许多学者致力于区域灾害系统论的研究。如在国内,史培军(2005)认为区域灾害系统是由孕灾环境、致灾因子、承灾体共同组成的结构体系,并且认为致灾因子、孕灾环境和承灾体在灾害系统中具有同等重要的作用。在国外,Blaikie 等(1994)认为致灾因子、孕灾环境和承灾体是综合作用的,从减灾角度看,改变致灾因子是困难的,那么减灾的关键是降低承灾体的脆弱性,增加承灾体的抗灾能力需要发展经济和资源。综合以上理论,可对灾害系统构成要素及关系用图 3.7 表示。

灾情又叫灾害损失,是灾害的结果。灾情的大小不仅与致灾因子的强度有关,而且与承灾体的特性及孕灾环境有关,所以灾情信息的收集应该从以下三个方面着手。

1. 致灾因子

致灾因子是自然或人为环境中,能够对人类生命、财产或各种活动产生不

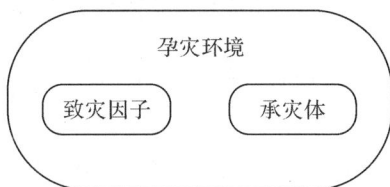

图 3.7　灾害系统构成要素

利影响,并达到造成灾害程序的罕见或极端的事件。如暴雨洪涝、干旱、热带气旋、风暴潮、霜冻、低温、冰雹、海啸、地震、滑坡、泥石流等均为致灾因子。致灾因子强度越大,灾害损失就越严重,所以需要收集致灾因子强度的信息,如地震的震级、烈度是刻画地震强度的主要指标。

2.承灾体

承灾体是灾害作用的对象,它是指人类本身在内的物质文明环境,主要有农田、森林、道路、建筑物等财富集聚体。承灾体的特征主要包括暴露性和脆弱性。暴露性描述灾害威胁下的社会生命和经济总值,脆弱性描述暴露于灾害之下的承灾体对灾害的易损特征。承灾体的暴露性、脆弱性越强,灾害损失就越严重,所以也需要收集承灾体的信息,如地震灾害中受灾区国民生产总值、人口密度、灾民的作息时间、灾区建筑物的抗震性能、灾害预报水平等。

3.孕灾环境

孕灾环境是指致灾因子、承灾体所处的外部环境,包括自然环境和人文环境。它是指由大气圈、岩石圈、水圈、物质文化圈所组成的综合地球表层环境。孕灾环境对灾害影响的特性可以用稳定性来表示,稳定性越小,灾害损失就越大。如地震中灾区的地质构造影响其稳定性,当承灾体位于断裂带,或者是盆地时,受灾害影响就越大。

(四)应急物资需求预测模型

由于应急物资需求者在突发性灾害事件发生后的短期内不能直接提供需求信息,而由多元化信息源提供的信息不能提供准确全面的需求信息,所以需要建立应急物资需求预测模型,以帮助应急物资分配决策者快速有效地获得需求信息,从而做出正确的决策,这部分内容将在本书第四章予以重点研究。

(五)受灾点的需求紧迫度的识别

当存在多个受灾点时,对有限应急物资实施分配需要考虑每个受灾点的需求紧迫度,即每个受灾点对应急物资的需求程度。选择识别受灾点的需求紧迫度的方法可以从受灾人口特性和受灾情况两个方面来进行,具体有以下几个内容:

①受灾地区人口比例。受灾地区的人口比例越大,越不容易产生互救,则对物资的需求就越紧迫。

②受灾地区人口构成。如果受灾人口中,老人、儿童、妇女占的比例越大,越不容易进行自救,则对物资的需求越紧迫。

③受灾天数。有些灾害会产生次生灾害,如地震会引发洪水、山体滑坡、海啸等灾害,这样造成了在同一次灾害事件中,不同受灾点的受灾天数不同。受灾天数越长,人体的免疫能力越差,对食品、药品等物资的需求越紧迫。

④房屋损害程度。受灾点的房屋结构、使用年限、当地的地质情况不同导致房屋损害程度不同,其中房屋的结构类型对房屋损害程度影响最大,在相同地震烈度下,钢筋混凝土结构(包括框架和剪力墙结构)比砖混结构房屋和一般民房(包括砖木结构、木结构和砖柱土坯房)的房屋完好率要高很多。房屋损害程度越大对物资需求会越紧迫。

(六)物资储备信息的提取

我国各省、市(区)、县特别是在自然灾害多发地区已经制订了比较健全的应急预案,为了满足应急需求,应急物资储备的模式也在不断完善。

政府储备模式在很多应急实践中发挥了主要的作用,各级政府及其分管部门建立了若干为预防和救助灾害的各级应急物资储备中心,如我国已经在北京、石家庄、呼和浩特、沈阳、长春、哈尔滨、南京、杭州、合肥、福州、南昌、济南、郑州、武汉、长沙、广州、南宁、重庆、成都、贵阳、昆明、西安、兰州和乌鲁木齐建立了 24 个国家级应急物资储备中心,主要储备衣服、棉被、帐篷等生活类救灾物资。卫生、交通和粮食部门分别储备药品、车辆、粮食等其他应急物资。

政企联合储备模式也在发挥着越来越重要的作用。近年来国家和地方已经开始通过法律和其他手段推进应急物资储备的社会化进程。我国《突发事件应对法》中规定:"县级以上地方各级人民政府应当根据本地区的实际情况,与有关企业签订协议,保障应急救援物资、生活必需品和应急处置装备的生产、供给。"《上海实施〈突发公共卫生事件应急条例〉细则》对应急物资储备形式做出了明确规定:"除必须以实物形式储备的物资外,其他应急物资在保证最低储备量的同时,应当采用技术方案和生产能力储备。应急物资以技术方案和生产能力形式进行储备的,突发公共卫生事件发生后,相关生产企业应当根据政府有关部门的指令,迅速转入生产。"这些充分表明我国各级政府已经在积极探索政企联合的应急物资储备模式。

在灾害发生后,应急物资分配决策者在对受灾地的需求量预测的基础上,还需了解可供调配应急物资的救援地(包括政府储备和政企联合储备的救援地)的位置、数量及每个救援地的物资供应量(包括原有储备量、新接收的社会捐赠和企业订购)。

(七)灾区路况信息的提取

应急物资分配决策的决策目标是救援响应时间最短,响应时间的计算与从救援点到受灾点的运输时间的计算密切相关,因此物资分配决策需要提取灾区路况信息。如救援点到受灾点的道路里程及道路的破坏程度,这些信息需要调用全球定位系统(Global Positioning System,GPS)、地理信息系统(Geographic Information System,GIS),通过卫星、航空等遥感影像技术来确定。如利用灾后及灾前高分辨率遥感数据、基础地理数据、滑坡崩塌点监测数据、滑坡隐患点分布数据等,对汶川地震中的道路损毁情况的评估结果如表3.5所示。

表3.5　道路损失评估结果

县名	损毁国道 (m)	损毁省道 (m)	国道损毁率 (%)	省道损毁率 (%)	损毁程度
汶川县	49912	18454	59.84	87.55	重
北川县	无国道	53056	—	45.06	重
平武县	无国道	64400	—	40.14	重
青川县	无国道	12478	—	34.60	重
茂县	12842	17307	28.56	26.40	重
安县	无国道	2637	—	10.88	中
江油市	无国道	5061	—	6.29	中
中江县	无国道	182	—	0.29	中
理县	3096	无省道	33.6	—	重
罗江县	4846	无省道	15.7	—	中

资料来源:国家减灾委员会科学技术部抗震救灾专家组.汶川地震灾害综合分析与评估.北京:科学出版社,2008:88.

二、物资分配决策

应急物资需求信息、受灾地对物资的需求紧迫程度信息、应急物资储备信息、灾区路况信息等的收集为物资分配决策提供了前提条件。在决策对象、决策目标确定的情况下,决策主体需要有效的决策模型和模型算法作为辅助手段才能对物资分配做出科学决策。因此,相应的决策模型和模型算法的研究和开发当然是应急物资管理的研究热点,国内外相关学者已经做了大量研究(如第二章所述)。

根据物资运输网络的拓扑结构的不同,决策模型可以分为二级节点网络物资分配模型和三级节点网络物资分配模型,根据物资种类的不同,决策模型又可以分为单种物资的物资分配模型和多种物资的物资分配模型,本书将分别在第五章、第六章和第七章分别研究这几类模型。

三、分配方案评价

应急物资分配决策关系到救灾减灾的效果。鉴于决策后果的重要性,必须考虑按照物资分配决策模型和模型算法得到的方案是否可行,是否符合实际情况,是否能最大限度满足受灾点的应急需求。为了回答这几个问题,决策主体需要对分配方案进行评价。任何评价需要事先确定评价原则,评价时采用的方法需要定性和定量相结合。因此对评价原则的确定和评价方法的讨论是对应急物资分配决策系统研究的重要一环,相关研究将在本书第八章展开。

四、方案实施阶段

应急物资分配决策主体在确定了最终分配方案后,要立即组织救援队伍实施救援,进入方案实施阶段。在实施过程中,为了确保能够实现物资分配的目标,需要相关部门的积极配合,如当地的政府部门、非政府组织或个人有效履行相关职责,动员可以支配的车辆和人员,尽最大能力投入救援工作。随着救援工作的开展,一些信息需要随时更新,例如灾区路况信息、救援点的物资储备信息、灾区的损失情况,信息更新需要随时备案,为下一周期的物资分配决策做准备或者是为以后的灾害事件的应急响应做案例储备。

经历一次完整的四个阶段的响应过程,就进入下一周期的物资分配决策过程,直至救援工作结束。

第四节　本章小结

本章从决策理论角度详细分析了应急物资分配及应急物资分配决策系统,在重点阐述应急物资分配决策特性的基础上,提出后续章节的安排。具体包括:

(1)研究应急物资分配决策系统的内涵以及构成要素

应急物资分配决策系统是由外部信息、决策主体、决策对象和决策结果构成的一个有机系统。同时,详细分析了应急物资分配决策与常规物资分配决策在决策主体、决策客体、决策目标、决策模式、约束条件、决策效果等方面的区别。

（2）从构成要素的角度研究应急物资分配决策的特点

应急物资分配决策的特点包括决策主体的多元性、决策客体的复杂性、决策目标的时间性、决策制定的协调性、决策模式的非程序性、决策方案的权变性以及决策效果的有效性。

（3）设计了应急物资分配决策过程

本书认为应急物资分配决策是一个动态的决策过程，应急物资分配决策系统是一个由多个步骤组成的闭环循环系统。在每一个决策周期内，应该包含完整的决策四阶段：第一阶段，信息收集，收集的信息包括致灾因子、承灾体和孕灾环境三个方面的灾情信息，以及应急救援案例，在此基础上进行物资需求预测和灾区的需求紧迫性识别，并收集应急物资储备信息和灾区路况信息；第二阶段，建立物资分配模型和研究模型算法，选择决策方案；第三阶段，决策主体对方案进行评价；第四阶段，按照通过评价的方案实施分配。在对决策过程分析的基础上，提出本书后续章节的重点，包括三方面内容：应急物资需求预测（第四章）、应急物资分配模型（第五、六、七章）和分配方案评价（第八章）。

第四章 应急物资需求预测过程设计及预测过程系列模型

由第三章的分析可知,应急物资需求预测是应急物资分配决策过程中必不可少的一环,是应急物资分配决策的前提,因此如何选择正确的预测方法、构建有效的模型是本章研究的重点。

第一节 应急物资需求预测过程设计

一、间接预测应急物资需求量的思路

本书认为在突发性灾害事件发生后,由于灾区受到严重破坏,灾民本人不能提出对应急物资的需求,而如第三章所述多元信息源提供的数据在救援初期不具备参考价值,因此很难直接应用报道数据对物资需求量进行预测,而只能借助案例库信息和灾情信息。据了解,在以往的数据库中很少有表示物资需求量的信息,而更多的是每次灾害的伤亡人口,所以很难利用案例库中的信息直接预测物资需求量。

本书参考 Sheu(2010)和郭金芬等(2011)的思路,不直接预测需求量,而采取间接预测的方法。由于应急物资需求量与灾区人口高度相关,如生活类物资与现有受灾人口成正比,而医药类物资与受伤人口成正比,所以要预测物资需求量可以先利用案例库数据预测灾区的伤亡人口;而有些文献研究表明,灾区伤亡人口与一些因素相关,但是关系是非线性的,如伤亡人口与震中烈度有关,但是烈度大时伤亡人口不一定很大,因为伤亡人口还与当地的人口密度和建筑物的抗震能力等因素相关,这种关系具有较大的离散性,而且从案例中获取的数据可能会有残缺,这时如果试图用某种解析式表达的完整的物理理论模型来

描述这种非线性的过程,是非常困难的。而 BP 神经网络模型可以通过神经网络的学习来实现输入数据和输出数据之间的非线性映射关系,建立一种适应性很强的非线性动力系统。这类模型在处理非线性问题和有残缺的数据问题时具有优势,所以可以先用人工神经网络的方法来预测伤亡人口,再计算物资需求量。

二、应急物资需求预测过程

建立 BP 神经网络模型首先需要确定输入层变量,郭金芬等(2011)的研究中确立了时间、震级、震中烈度、人口密度、抗震设防烈度、预报水平这六个变量,现在我们要考虑的是对因变量即伤亡人口有重要影响的因素有没有漏选,在确立这些变量时需要有什么样的定性原则,另外这六个变量对伤亡人口的影响是不是显著的,如果把不显著的变量加到输入变量中来,会使输入变量的个数无效增加,显然会增加网络的复杂度,降低网络性能,增加计算时间,影响计算精度,这些负面影响关系到应急反应时间,从而会影响救灾效果。因此需要先用定性与定量相结合的方法,尽可能选取对伤亡人口影响较大且全面的变量来确定输入变量。

定性研究方面,可以参考灾害系统的构成要素来全面定义和收集影响伤亡人口的因素。而定量研究方面,可以考虑采用灰色关联分析法。通过灰色关联度的计算,可以对定性研究确定的大量的输入变量进行处理,即先用灰色关联度分析筛选出对伤亡人口最有影响作用的变量作为输入变量,再用 BP 算法进行学习、训练从而预测伤亡人口,这种做法可以增强 BP 算法的多变量复杂系统建模能力。

根据以上分析,对应急物资需求的预测需要系统分析预测过程,从而得到本章的研究步骤,如图 4.1 所示。

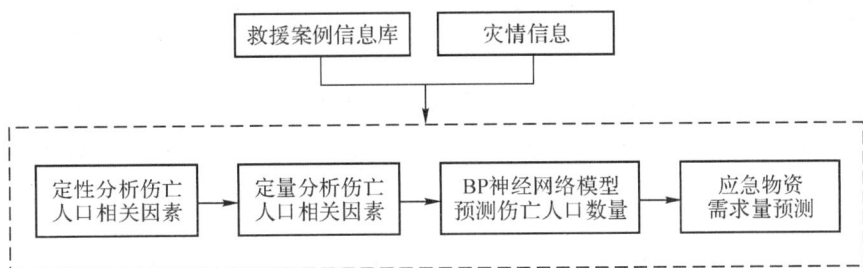

图 4.1　突发事件应急物资预测过程

从上图可以看出,突发事件下应急物资预测过程可以分为四个步骤:定性分析与灾区人口伤亡相关的因素、定量分析与灾区人口伤亡相关的因素、BP 神经网络模型预测灾区人口伤亡数量和灾区应急物资需求量预测。

本章后面的内容按照这个思路,构建预测过程系列模型,并以地震灾害为例研究特大地震灾害下的物资预测过程。

第二节　基于灾害系统构成要素的灾区人口伤亡定性关联分析

如第三章所述,为了全面分析灾害损失,灾情信息应该按照灾害系统的构成要素来收集,即包括致灾因子、承灾体和孕灾环境三个方面的要素,而人口伤亡数量是灾害损失中最重要的内容,因此分析伤亡人口的影响因素同样需要从这三个方面来考虑。

一、致灾因子

致灾因子是灾害事件的风险源,主要反映灾害本身的危险程度,包括灾害的种类、规模、强度、频率、影响范围、等级等。对于地震灾害来讲,地震的种类有构造地震、火山地震、塌陷地震、诱发地震、人工地震,但是几乎所有的破坏性地震都属于构造地震[亦称"断层地震",由地壳(或岩石圈,少数发生在地壳以下的岩石圈上地幔部位)发生断层而引起的一种地震],所以在致灾因子中就不考虑地震种类问题,对伤亡人口数可能有影响的变量有以下几个。

(一)震级

地震的强度大小与地震中释放的能量有关,需要用震级来度量。震级是根据地震波记录测定的一个没有量纲的数值,用来在一定范围内表示各个地震的相对大小(强度)。震级代表地震本身的强弱,通常用字母 M 表示,地震愈大,震级数字也愈大,世界上最大的震级为 9.5 级,震级只同震源发出的地震波能量有关。

目前,我国使用国际上通用的 9 个等级的里氏震级标准。震级大的地震,释放的能量多;震级小的地震,释放的能量少。通常小于 2.5 级的地震称为小地震,2.5~4.7 级的地震称为有感地震。震级相差很小的地震,其释放的能量相差却很大,震级每相差 1.0 级,能量相差大约 30 倍。因此同一地区的地震,震级小,伤亡就小,震级大,伤亡就大。震级是影响灾害危险程度,进而影响伤亡人口的重要因素。

(二)烈度

地震烈度是指地震时地面受到的影响或破坏的程度。地震烈度与震源深度以及震中距密切相关,一次地震中不同地方的震源深度和震中距不同,则这些地方的地震烈度也就不同。

从震中到震源的垂直距离,称震源深度。在同样震级的情况下,震源深度越小,对地表和建筑设施产生的破坏就越大,人员伤亡可能性就越大。如 1999 年的台湾"9·21"大地震,震源深度只有 7.5 千米,地震发生 1 分多钟,就夺走了 2400 多人的生命。

而震中距是指从地面上其他地点到震中的距离。根据震中距的大小,我们把地震分为地方震(震中距小于 100 千米)、近震(震中距在 100~1000 千米范围内)和远震(震中距大于 1000 千米)。震中距越大的地方,受地震影响的程度就越小。在同样震级的情况下,震中距越小,烈度会越大,人员伤亡就越大。据《汶川地震灾害综合分析与评估》中总结的《严重受灾地区综合灾情指数排序》中所表示,汶川县、北川县、绵竹市距震中距离最小,面积加权平均烈度也是较大,死亡和失踪人口也较大,其中汶川的万人死亡率和失踪率达到 2170 人;而距震中距离相对较远的勉县、芦山县、宝兴县、南江县、两当县,面积加权平均烈度很小,且死亡失踪人数都是用个位数字来计算。

地震发生后,都有一个"黑箱期",即由于通信、交通等中断,政府无法及时准确地了解地震的烈度等情况的时期。所以处于地震带的城市和地区通过建立地震烈度速报系统,在最短时间内测绘出地震烈度图,可以为抢险救援争取到最可宝贵的时间。2010 年国务院下发的《国务院关于进一步加强防震减灾工作的意见》指出,到 2015 年,将在人口稠密和经济发达地区初步建成地震烈度速报网,20 分钟内完成地震烈度速报,即建立在地震发生后尽快报告地震的烈度及其分布情况的地震烈度速报系统,为灾后应急响应和救灾决策提供参考。在 2013 年 3 月 9 日 20 时 23 分,四川省阿坝藏族羌族自治州汶川县发生 4.5 级地震后 1 分钟内,由成都高新减灾研究所自主研发的地震预警和烈度速报系统绘出了地震灾情(烈度)分布图。据了解,其所需时间较日本同类系统缩短了 1~2 分钟。同时,该系统也为汶川当地居民提供了 5 秒预警时间,证实了地震预警系统能够为震区所在县提供地震预警服务,且仅用 1 分钟就绘出了烈度速报图。由此可见,最近几年在汶川余震区试验基础上所发展的技术创新,尤其是地震监测台站现场处理地震波信息、基于北斗卫星的地震烈度速报技术等将使得中国建设的烈度速报系统更好地满足灾后救援决策的需要。

(三)地震发生时间

一般来说,发震时间在白天比在夜间导致的伤亡人数要少。这是因为:一方面在万籁俱寂的夜间发震,人们来不及逃跑,必然加重人员的伤亡。台湾大地震发生在凌晨 1 时 47 分,几乎所有的台湾居民都在梦中被震醒,很多人没有足够的逃生时间,纷纷倒在了倒塌的房屋下面,酿成了很多全家遇难的家庭悲剧。另一方面,如灾害发生在夜间,会影响救援效率,所以地震的发生时间有必要作为预测伤亡人口的变量。

(四)地震序列

地震一般都不是只发生一次就完事的孤立的事件,为此,人们常把一次强震以及发生在相近时间和同一地质构造带内的一系列大小地震称为地震序列,并将它划分为主震型、震群型和孤立型等几种震型。

1.主震型地震

主震型地震(main shock type)是指主震震级突出又有很多余震的地震序列。这是一种最常见的地震序列类型,主震释放出的能量占全系列总能量的90%以上。中国海城、通海等地震均属此类型。有的主震前有明显的前震活动,地震活动区较集中,因此根据主震前有无前震,主震型又分为"主震—余震型"和"前震—主震—余震型"两类。

2.震群型地震

如果一系列地震中没有突出的主震,其能量释放是通过多次震级相近的地震来实现,最大的地震释放的能量占全序列地震释放能量的比例不大于80%时,称为震群型。震群型的最大特点是没有突出的主震,前震、余震和主震震级较接近,一般相差在1级以内。

3.孤立型地震

孤立型地震(isolated earthquake sequence)是指前震、余震都很稀少且与主震震级相差非常大的地震序列。整个序列的地震能量基本上通过主震一次释放出来。这类地震比较少见。孤立型的最大特点是前震和余震少而小,且与主震震级相差极大。如2009年3月20日14时48分发生在吉林省中部四平市的伊通县和公主岭市交界的地震,四平市及长春、吉林、辽源市震感比较强烈。此次地震属于孤立型地震,没有前震。

地震序列的类型对灾害损失有很大的影响,如"5·12"汶川8级地震就属于主震—余震型,当时有谣传说是震群型,曾引起社会很大恐慌。

二、承灾体

作为灾害作用的对象,承灾体的特征要素有脆弱性、抗灾能力和恢复力,包括承灾体的种类、范围、数量、密度、价值等。据统计,人口稠密、经济发达的陆地面积只占全球面积的15%,但其地震所造成的人口死亡数占全球地震死亡人数的85%,因此承灾体的特征对伤亡人口数量有较大影响,影响因素如下。

(一)灾区范围

灾区范围越大,涉及的人口数量就越多,伤亡的人口就越多,如在汶川地震中,包括四川、陕西、甘肃等中国5000亿平方米的土地遭受到了破坏性影响,伤亡人口达到44万多,其中极重灾区包括四川省的汶川县、北川县、绵竹市、什邡市、青川县、茂县、安县、都江堰市、平武县、彭州市等11个县(市),因灾死亡和失踪人口都超过1000人,排名前三的汶川县、北川县和绵竹市因灾死亡和失踪人口都超过1万人。

(二)灾区人口密度

灾区人口密度越大,伤亡会越多。一般来说,城市的人口密度大于农村,农村的人口密度大于山区和牧区。灾区人口密度越大,伤亡人口就会越多。

如在7.8级唐山大地震的伤亡之所以大的一个重要原因就是震中在当时人口稠密的工农业发达的唐山市区,死亡人数达到24.2万,再如通海7.8级大地震震亡人数多的主要原因是震区人口分布在发震断裂带附近,而且是镇政府和县城所在地,人口密度较大,而澜沧7.6级大地震因为发震断裂带上无人居住,所以少有人员伤亡。

(三)灾区建筑物的抗震性能

有关研究表明,在地震中死亡的人口大多是因为不能抗震的建筑物在灾害中倒塌造成的。因此灾区建筑物的抗震性能影响人口伤亡数量。

例如在通海7.8级地震的震区中广泛分布着只是用来遮风避雨的没有考虑抗震设防的传统穿斗木构架民房,当遭到较大地震破坏时,往往导致此类房屋普遍遭到破坏。再如1976年的唐山地震和1985年的智利瓦尔帕莱索市地震,两次地震震级均为7.8级,而且都发生在人口100多万的城市,但由于当时唐山的建筑几乎没有抗震设防,以致死亡人口达到24万,而后者的建筑抗震措施完备,死亡人口仅为150人。

考虑到建筑物抗震性能的重要性,我国在编制《中华人民共和国国家标准GB50011—2010:建筑抗震设计规范》时,总结了2008年汶川地震震害经验,对灾区设防烈度进行了调整,增加了有关山区场地、框架结构填充墙设置、砌体结构楼梯间、抗震结构施工要求的强制性条文,提高了装配式楼板构造和钢筋伸长率的要求。此后,继续开展了专题研究和部分试验研究,调查总结了近年来国内外大地震(包括汶川地震)的经验教训,采纳了地震工程的新科研成果,考虑了我国的经济条件和工程实践,并在全国范围内广泛征求了有关设计、勘察、科研、教学单位及抗震管理部门的意见,经反复讨论、修改、充实和试设计,最后经审查定稿。

(四)灾前预报水平

灾害预报水平影响人员伤亡率。相对来说,灾前预报的准确性越高,因灾伤亡人口就越少。

1976 年发生在唐山的大地震,之所以造成了 24 万人死亡、16 万人受伤的结果,其中一个原因就是震前没有准确预报,人们完全处于没有准备的状态。

灾前的预报水平与该地的监测能力(如在距震中 300 千米内的地震观测台的数量及观测项目的多少)以及监测到的前兆异常情况的数量有关。

(五)灾后应急反应能力

当地政府的应急反应能力影响救援效果。在强震灾害中,被埋在倒塌建筑物下面的大部分人员能存活一段时间,除了少数被击中要害部位立即死亡外,因此救援工作的开展时间、救援速度和救援效率对伤亡人员的数量影响很大。而在国际上公认的黄金救援时间是 72 小时,如果在这段时间内对受伤人员实施有效救助,可以减少人员伤亡。如果失去了救灾良机,无疑会使灾情加重。

一般来讲,如果受灾地区的行政区域等级越高,如是省会城市或者直辖市,应急工作和应急预案就越完善,政府重视程度越高,信息传递速度越快,这样应急反应能力就越强;而如果受灾地区的行政区域等级越低,如是比较偏僻的农村或者山区,应急反应能力就越弱。如在汶川地震中,由于作为副省级城市的成都和县级市的都江堰的行政级别较高,这两个地区的受灾情况较早通过媒体、网络被外界所了解,所以也是救援物资最早分配的地方,这说明行政级别高的灾区的救灾反应能力较强。相反,在比较偏远的北川、青川、茂县等地的农村,道路和信息中断,使受灾信息无法及时传出,在救援早期没有得到应有的重视。

三、孕灾环境

孕灾环境是由大气圈、水圈、岩石圈(包括土壤和植被)、生物圈和人类社会圈所构成的综合地球表层环境。但不是这些要素的简单叠加,而是体现在地球表层过程中一系列具有耗散特性的物质循环和能量流动以及信息与价值流动的过程。孕灾环境的区域差异,决定了致灾因子时空分布特征的背景。孕灾环境的改善,能有效减轻灾害。孕灾环境是由自然与社会的许多因素相互作用而形成的。孕灾环境包括自然和人文环境,自然环境分为地形、地貌、水文、气候、植被、土壤、动植物等,人文环境包括工矿商贸、各种管线、交通系统、公共场所、人、经济市场等。

在地震灾害中,灾区的自然环境尤其是灾区的地质背景对灾情影响很大,大部分地震均发生在地震断裂带附近,而地震断裂带大多位于板块之间的消亡边界等地壳不稳定的部位,地震断裂带的规模(长度和宽度)以及与断裂带的距离决定了灾区的受灾程度。

四、灰色关联分析的变量确定

通过以上对灾害系统构成要素对人员伤亡的影响分析,我们可以确定以下11个指标作为灰色关联分析的变量。

(1)震级:通过地震仪的记录计算得到。

(2)震中烈度:通过震区的地震烈度速报系统获得。

(3)地震发震时间:设发震时间为白天时(6:00—18:00)为1,傍晚时(18:00—22:00)为2,夜间(22:00—06:00)时为3。

(4)地震序列类型:孤立型为1,前震—主震—余震型为2,主震—余震型为3,震群型为4。

(5)受灾面积:指对地面建筑和人口造成破坏的烈度为Ⅵ度以上的受灾区面积。

(6)灾区人口密度:查询地震发生当年的《中华人民共和国行政区人口密度表》,以及各省市公开的行政区人口密度。

(7)抗震设防烈度:本书取基本烈度,即查询地震发生当年的按照《建筑抗震设计规范》所设的抗震设防烈度表,也可根据建筑物的类别、高度以及当地的抗震设防小区规划进行确定。

(8)设计基本地震加速度值:在抗震设防烈度相同的情况下,设计基本地震加速度值不同,建筑物的抗震能力就不同,同样通过查询抗震设防烈度表获得。

(9)预报水平:如果在震前作了精准的短期预报和临震预报,则为1;如果在震前作了中期和短期预报,但震级和时间不准确,则为2;如果在震前只作了中期预报,则为3;如果在震前没有作任何预报,则为4。

(10)灾区行政区域等级:省、自治区、直辖市和特别行政区为1,地市级行政区(含副省级城市)为2,县级行政区(含副地市级行政区域)为3,乡镇级行政区(含副县级行政区域)为4。

(11)地质背景评价:根据断裂带规模,如断裂带的长度、宽度,地壳的厚度,灾区与断裂带的距离以及震区及附近地区历史上发生过5.0级以上地震的次数等来综合评价地质背景,分为3级,评价值从1到3,评价值越大,表示孕灾环境越复杂、恶劣。

第三节　基于灰色关联分析的灾区人口 伤亡相关因素定量关联分析

如上节所述,在突发性灾害事件中,对伤亡人口数的影响因素有很多,在这些因素中我们很难把握对伤亡人口数起主导性作用的因素和非主导性作用的因素,以及明确各种因素之间的关系如何。为了解决这类问题,我们将借助灰色关联分析的方法。

一、灰色关联分析的原理和步骤

(一)灰色关联分析的原理

灰色关联分析是著名学者邓聚龙教授提出的灰色系统①理论的一个分支,其基本原理是比较参考数列和若干比较数列的几何形状的相似程度,从而确定参考数列和比较数列之间的灰色关联度,因此本质上是属于几何处理的方法。这种方法已经广泛应用于社会科学和自然科学的各个领域,应用效果良好。

灰色关联分析与其他分析方法比较具有一些优点:这种方法需要的样本容量很少,可以少到 4 个;数据可以不规则、无规律的分布;计算灰色关联度的式子简单,容易计算;计算结果与定性分析结果一致,等等。这些优点正是对灾害事件下的伤亡人口进行预测所需要的特性。

(二)灰色关联分析的计算步骤

1.确定待分析数列

待分析数列包括两类:一是参考数列,参考数列能够反映系统的行为特征,应该是一个理想的比较标准;二是比较数列,比较数列是影响系统行为的因素组成的数列。在这里我们设地震灾害中的受伤人口和死亡人口作为参考数列,而把上节确定的 11 个变量作为比较数列。

设参考数列为:$\{X_a(t)\}$,$\{X_b(t)\}$,$t = 1,2,\cdots,N$

比较数列为:$\{X_1(t)\}$,$\{X_2(t)\}$,$\cdots$,$\{X_{11}(t)\}$,$t = 1,2,\cdots,N$

其中,N 为样本的数量,$X_a(t)$ 为第 t 个样本的受伤人口,$X_b(t)$ 为第 t 个样本

---

① 这里的灰色系统是与白色系统、黑色系统相对而言的,我们将信息完全明确的系统称为白色系统,信息未知的系统称为黑色系统,部分信息明确、部分信息不明确的系统称为灰色系统。系统信息不完全的情况分为元素信息不完全、结构信息不完全、边界信息不完全和运行行为信息不完全。

的死亡人口，$X_1(t), X_2(t), \cdots, X_{11}(t)$ 分别为第 t 个样本的第 1 个，第 2 个，…，第 11 个变量值。

2. 对分析数列进行无量纲化处理

由于参考数列和比较数列的数据描述了系统中不同的因素，而这些因素具有不同的物理意义，因此数据也有不同的量纲，不同量纲的数据是不能直接进行比较的，要事先做无量纲化处理。

设经无量纲化处理后的参考数列为（ $\{Z_a(t)\}$，$\{Z_b(t)\}$，$(t = 1, 2, \cdots, N)$ ），比较数列为（ $\{Z_1(t)\}$，$\{Z_2(t)\}, \cdots$，$\{Z_{11}(t)\}$，$(t = 1, 2, \cdots, N)$ ）。

3. 计算灰色关联系数 $\xi_{ai}(t)$ 和 $\xi_{bi}(t)$

灰色关联分析认为，在系统发展过程中，当参考数列所表示的因素和比较数列所表示的因素的变化态势一致时，则认为两者具有较高的同步变化程度，关联较大，因此用关联系数来表示这种关联度。

参考数列 $\{Z_a(t)\}$ 和 $\{Z_b(t)\}$ 有 11 个比较数列，各比较数列与参考数列在各个时刻（即曲线中的各点）的关联系数用 $\xi_{ai}(t)$ 和 $\xi_{bi}(t)$ 表示，其计算公式为

$$\xi_{ai}(t) = \frac{\Delta_{\min}^a + \rho \Delta_{\max}^a}{\Delta_{ai}(t) + \rho \Delta_{\max}^a}, t = 1, 2, \cdots, N, i = 1, 2, \cdots, 11 \tag{4.1}$$

$$\xi_{bi}(t) = \frac{\Delta_{\min}^b + \rho \Delta_{\max}^b}{\Delta_{bi}(t) + \rho \Delta_{\max}^b}, t = 1, 2, \cdots, N, i = 1, 2, \cdots, 11 \tag{4.2}$$

其中，ρ 为分辨系数，$\rho \geqslant 0$，通常取 0.5；$\Delta_{ai}(t) = |Z_i(t) - Z_a(t)|$，$\Delta_{\min}^a = \min\{|Z_i(t) - Z_a(t)| \, | \, t = 1, 2, \cdots, N\}$，$\Delta_{\max}^a = \max\{|Z_i(t) - Z_a(t)| \, | \, t = 1, 2, \cdots, N\}$，$\Delta_{bi}(t) = |Z_i(t) - Z_b(t)|$，$\Delta_{\min}^b = \min\{|Z_i(t) - Z_b(t)| \, | \, t = 1, 2, \cdots, N\}$，$\Delta_{\max}^b = \max\{|Z_i(t) - Z_b(t)| \, | \, t = 1, 2, \cdots, N\}$。

4. 计算关联度 r_{ai} 和 r_{bi}，得关联矩阵

因为比较数列和参考数列均是由多个数据构成的数列（反映为曲线中的各点），而这里的关联度分析研究的是比较数列和参考数列之间的关系，还需要在计算各点的关联系数的基础上，计算组成数列的各点的平均关联系数。这里设关联度为 r_{ai} 和 r_{bi}，计算公式如下：

$$r_{ai} = \frac{1}{N} \sum_{t=1}^{N} \xi_{ai}(t), i = 1, 2, \cdots, 11 \tag{4.3}$$

$$r_{bi} = \frac{1}{N} \sum_{t=1}^{N} \xi_{bi}(t), i = 1, 2, \cdots, 11 \tag{4.4}$$

5. 关联度排序

关联度分析的主要目的是找出影响系统运行的主要因素和次要因素，因此

在计算关联度的基础上,需要对各个比较序列对同一参考序列的关联度按照从大到小的顺序进行排列,这样便组成了关联序。在本书中,若 $r_{ai} > r_{aj}$,则称比较序列 $\{X_i(t)\}$ 对于同一参考序列 $\{X_a(t)\}$ 优于比较序列 $\{X_j(t)\}$,记为 $\{X_i(t)\} > \{X_j(t)\}$,即第 i 个变量与受伤人口的关联度比第 j 个变量与受伤人口的关联度大。

二、地震伤亡人口相关因素的灰色关联分析

(一)数据采集

本书从由地震出版社出版的一系列丛书——《中国震例》(1966—1975)、(1976—1980)、(1981—1985)、(1986—1991)、(1992—1994)、(1997—1999)、(2000—2002)以及《灾害直接损失评估》和《汶川地震灾害综合分析与评估》等书中共选取了 25 个震例,作为本书分析的样本。样本相关数据如附录表 1 所示。

在这 11 个比较序列中,除了抗震设防烈度和设计地震加速度值这两个指标外,其他指标都与受伤人口和死亡人口正相关,所以需要把这两个指标进行指标类型一致化处理。

具体方法是把 M 设为指标 X 的一个允许上界,则令 $X' = M - X$。这里设抗震设防烈度的一个上界为 10,而设计地震加速度值的上界为 0.5,经过处理后,所有的数据都符合要求,可以进行下一步计算。

(二)数据无量纲化处理

数据无纲化处理的方法很多,而且处理方法直接影响灰色关联系数计算的结果。本书分别用最常用的两种方法即标准化和归一化方法对原始数据进行了处理,并比较了两种方法的关联系数计算结果,发现用标准化处理得到的关联系数都在 0.71 以上,关联系数的数据范围较小,所以对 11 个不同比较序列的分辨率不高。而用归一化处理方法得到的数据在 0.39 与 0.93 之间,这个数据范围明显加大,能够更清晰地分辨出比较序列对参考序列的不同关联程度,所以决定采用归一化处理方法。不管是比较序列还是参考序列统一用式(4.5)进行换算:

$$Z = \frac{X - X_{\min}}{X_{\max} - X_{\min}} \tag{4.5}$$

其中, $X_{\min} = \min\{X(t) \mid t = 1, 2, \cdots, N \mid\}, X_{\max} = \max\{X(t) \mid t = 1, 2, \cdots, N \mid\}$。

结果如附录表 2 所示。

(三)求灰色关联系数

按照式(4.1)和(4.2)分别求出每个样本数据的 11 个比较序列对两个参考序列的灰色关联系数 $\xi_{ai}(t)$ 和 $\xi_{bi}(t)$,结果如附录表 3 和附录表 4 所示。

(四)求关联度

按照公式(4.3)和(4.4)分别求出 11 个比较变量对两个参考变量的关联度
r_{ai} 和 r_{bi},得到关联矩阵,如附录表 5 所示。

(五)关联度排序

由关联矩阵,可以得出:

$$r_{a5}>r_{a6}>r_{a9}>r_{a3}>r_{a4}>r_{a1}>r_{a2}>r_{a11}>r_{a10}>r_{a8}>r_{a7}$$
$$r_{b5}>r_{b6}>r_{b9}>r_{b3}>r_{b4}>r_{b1}>r_{b11}>r_{b2}>r_{b10}>r_{b8}>r_{b7}$$

从排序结果看出,11 个比较序列对两个参考序列的关联度排序结果除了两
个变量的位置稍有差别,其他变量都是一致的,而且受灾面积和人口密度无论
是对受伤人口还是死亡人口影响都是最大的。

在这 11 个比较序列中有三个序列的关联度在 0.5 以下,即抗震设防烈度、
设计地震加速度值和灾区区域行政等级。可能原因分析如下:

第一,样本数据所反映的地震均是发生在中国五个地区(西南、西北、华北、
东南沿海、台湾)最主要的 23 条地震带上,这几个地区从历史上开始就是地震
多发区,所以建筑物抗震设防烈度均设在六到八度,设计地震加速度值均在
0.15 左右,各个样本数据值之间的差别不大,所以造成反映建筑物抗震性能的
指标(抗震设防烈度和设计地震加速度值)对人口伤亡的关联度较低。

第二,样本数据所反映的地震除了唐山地震外均发生在县、乡级行政区域,
所以各个样本中的地震发生后引起的政府重视程度和应急响应速度差别不大,
也造成灾区区域行政等级对人口伤亡的关联度较低。

因此本书把其余 8 个变量作为震后灾区人口伤亡预测的变量。

第四节　基于 BP 神经网络的灾区人口伤亡预测模型

一、BP 神经网络预测的原理与方法

(一)人工神经网络原理

人工神经网络(Artificial Neural Network,ANN),是 20 世纪 80 年代以来
人工智能领域兴起的研究热点。它从信息处理角度对人脑神经元网络进行抽
象,建立某种简单模型,按不同的连接方式组成不同的网络。在工程与学术界
也常直接简称其为神经网络或类神经网络。神经网络是一种运算模型,由大量
的节点(或称神经元)相互连接构成。每个节点代表一种特定的输出函数,称为

激励函数(activation function)。每两个节点间的连接都代表一个对于通过该连接信号的加权值,称之为权重,这相当于人工神经网络的记忆。网络的输出则按照网络的连接方式,随权重值和激励函数的不同而不同。而网络自身通常都是对自然界某种算法或者函数的逼近,也可能是对一种逻辑策略的表达。

最近 10 多年来,人工神经网络的研究工作不断深入,已经取得了很大的进展,其在模式识别、智能机器人、自动控制、预测估计、生物、医学、经济等领域已成功地解决了许多现代计算机难以解决的实际问题,表现出了良好的智能特性,因此神经网络的理论已经广泛应用于模式识别和图像处理、控制优化、预报等多个领域。

(二)BP 神经网络原理

BP 神经网络于 1986 年由以 Rumelhart 和 McCelland 为首的科学家小组提出,是一种按误差逆传播算法(Back Propagation Algorithm)实行一种有监督的用来训练多层前馈网络的学习算法,是目前应用最广泛的神经网络模型之一。BP 网络能学习和存贮大量的输入—输出模式映射关系,而无须事前揭示描述这种映射关系的数学方程。

它的学习规则是使用快速下降法,通过反向传播来不断调整网络的权值和阈值,使网络的误差平方和最小。在这种网络中以 S 型函数作为神经元的传递函数,输出量的值在$[0,1]$区间内,其从输入到输出是任意非线性的映射关系。具有高度非线性和很强的自适应学习能力,广泛适应于函数逼近、模式识别、分类和数据压缩等领域。

(三)BP 神经网络模型的拓扑结构

BP 神经网络模型拓扑结构包括输入层(input)、隐含层(hide layer)和输出层(output layer),如图 4.2 所示。

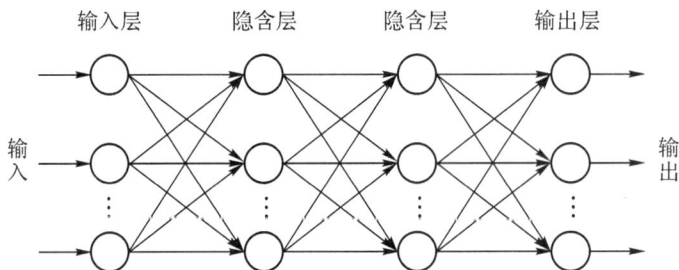

图 4.2　一个典型的 BP 神经网络

输入层:输入层各神经元负责接收来自外界的输入信息,并传递给中间层各神经元。

隐藏层:中间层是内部信息处理层,负责信息变换。根据信息变化能力的需求,中间层可以设计为单隐层或者多隐层结构。最后一个隐层传递到输出层各神经元的信息,经进一步处理后,完成一次学习的正向传播处理过程。

输出层:顾名思义,输出层向外界输出信息处理结果。

(四)BP 神经网络模型的基本思想

BP 算法的基本思想是:学习过程由信号的正向传播和误差的反向传播两个过程组成,因此其学习过程按照传播方向分为两个阶段:

第一阶段是正向传播过程,即将输入信息传入输入层和若干隐含层,最后到达输出层,逐层计算相应的实际输出值。

第二阶段是反向传播过程,从输出层到输入层,计算每个层的实际输出值与期望输出值的误差,如果此误差不能满足要求,则根据误差调整权值,重新计算每个层的输出,直到满足要求为止。

(五)BP 神经网络的算法流程

BP 神经网络的算法流程如图 4.3 所示。

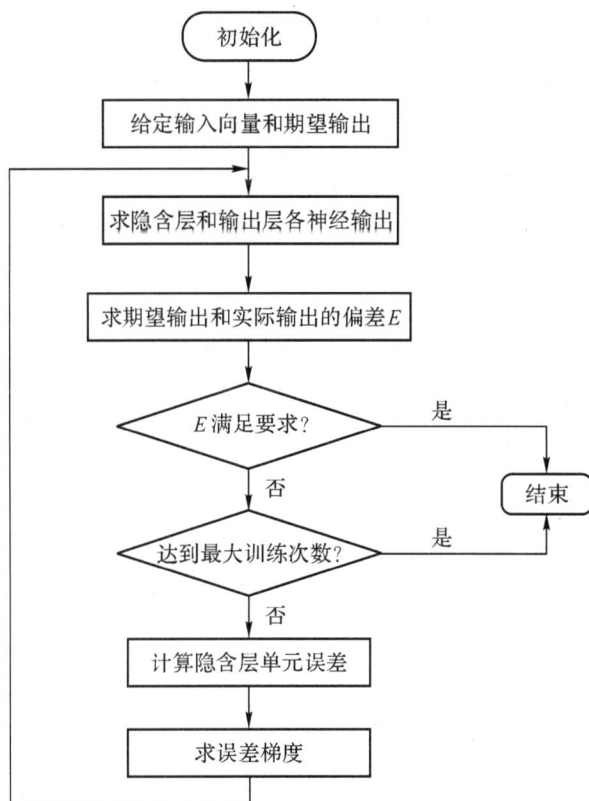

图 4.3　BP 算法流程

相对于传统的预报方法，BP 神经网络在处理预测问题时有着独特的优势，主要体现在：

（1）因为在 BP 网络中，知识信息的存储采用分布式方法，个别单元的损坏不会引起输出错误，因而预测或识别过程中容错能力强，可靠性高。

（2）对网络训练好后，再对未知样本进行预测时仅需要少量的加法和乘法，使运算速度加快。

（3）由于网络可以自己学习和记忆各输入量和输出量之间的关系，不需要对特征因素与判别目标的复杂关系进行描述以及用公式表述。

（六）用 Matlab 软件求解 BP 神经网络模型

MathWorks 公司推出的 Matlab 软件用于数值计算时，具有性能高、可视化强等优点，尤其是具有集数学计算、语言设计、图形计算和神经网络等多个工具箱为一体的强大扩展功能。因此，用 Matlab 编程的效率很高。

神经网络工具箱是在 Matlab 环境下开发的许多工具箱之一。它以人工神经网络理论为基础，用 Matlab 语言构造出典型神经网络的激活函数，如 S 型、线性、竞争层、饱和线性等激活函数，使设计者对所选定网络输出的计算，变成对激活函数的调用。另外，网络的设计者可以根据自己的需要去调用工具箱中有关神经网络的设计训练程序，从而提高工作效率。许多研究者应用 Matlab 设计神经网络，得到很好的效果，大大节省了时间。最新版本的神经网络工具箱将神经网络领域的研究成果完整地覆盖，设计者使用该工具箱时，只要使用一个调用函数就可以将其激活。

本节将根据地震资料，研究如何利用神经网络工具箱，实现基于神经网络的地震伤亡人口预测。

二、BP 神经网络预测地震灾害中的人口伤亡

（一）输入/输出向量设计

根据关联度分析的结果，本书把与受伤人口和死亡人口关系比较大的 8 个因素确定为输入向量，即震级、震中烈度、发震时间、地震序列、受灾面积、人口密度、预报水平、地质背景 8 个因素。输出向量为受伤人口和死亡人口。因为在关联度分析中已经对数据进行了归一化处理的所有数据都在 [0,1] 之间，这里就不再需要处理。

（二）BP 网络设计

BP 网络设计时要明确以下内容：

1.确定输出层神经元

由于输入向量有 8 个分量元素，所以网络输入层的神经元有 8 个。

2.确定隐含层层数和隐含层神经元个数

有关研究表明,隐含层数的增加可以降低网络误差,从而提高计算精度,但是隐含层数过多时,会使网络变得很复杂,网络训练的过程中耗时太多,并出现"过拟合"的倾向。通过试验可以得出,要降低计算误差,还可以通过增加隐含层的神经元个数,这种做法比增加隐含层层数更容易实现较好的训练效果。增加隐含层的层数,会使神经网络的学习速度变慢,根据 Kosmogorov 定理(即映射网络存在定理),在合理的结构和恰当的权值条件下,三层 BP 网络在隐含层的功能函数是连续性函数时,可以向任意连续函数逼近,因此,我们一般选取结构相对简单的三层 BP 网络。仍根据 Kosmogorov 定理,网络隐含层的神经元可以取 17 个。

3.确定输出层神经元

因为输出向量有 2 个,所以输出层的神经元应该有 2 个。

4.确定神经元传递函数

网络隐含层的神经元传递函数采用 S 型正切函数 tansig( ),输出层神经元传递函数采用 S 型对数函数 logsig( )。这是因为函数的输出位于区间[0,1],正好满足网络输出的要求。

5.创建 BP 网络

最后根据网络设计结果,用 newff 算法指令创建 BP 网络。

(三)BP 网络训练

网络经过训练后才可以用于预测的实际应用。设定网络的训练函数为 traingdx( ),该函数以梯度下降法进行学习,并且学习速率是自适应的。考虑到网络的结构比较复杂,需要适当增加训练次数,设训练次数为 1000,又因为样本数据的数据级较低,设训练目标为 0.0001,其他参数取默认值。本书选取样本集中的 1—4,6—9,11—14,16—19,21—24 作为训练样本。

针对 BP 网络构建、参数设置、数据输入等过程进行编程,然后执行程序命令。当网络迭代次数到 246 次时,网络误差达到要求,窗口显示"performance goal met",即网络训练满足要求,训练结果如图 4.4 所示。

(四)BP 网络测试

网络训练结束后,还必须用另外一组地震数据对其进行测试,本书将样本 5,10,15,20,25 作为检验样本,验证网络模型的适用性,这里利用仿真函数 sim( )来计算网络的输出,运行结果为:

Out=0.0461　　0.0014　　0.0021　　0.0004　　0.0321
　　　0.0060　　0.0001　　0.0000　　0.0001　　0.0113

预报误差曲线如图 4.5 所示。由图可见,归一化数据的网络预测值和真实

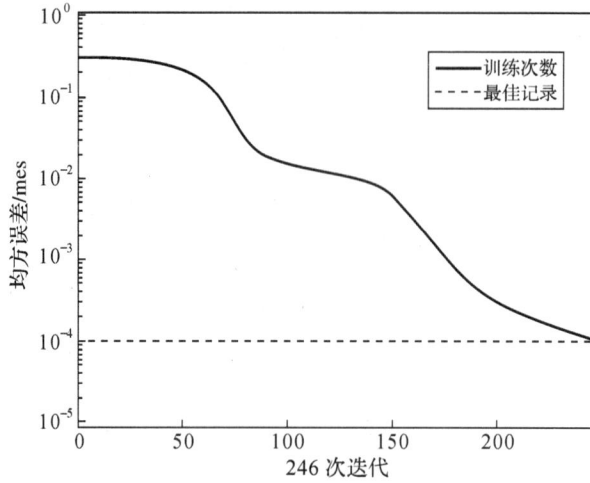

图 4.4　BP 训练结果

值之间的误差是非常小的。

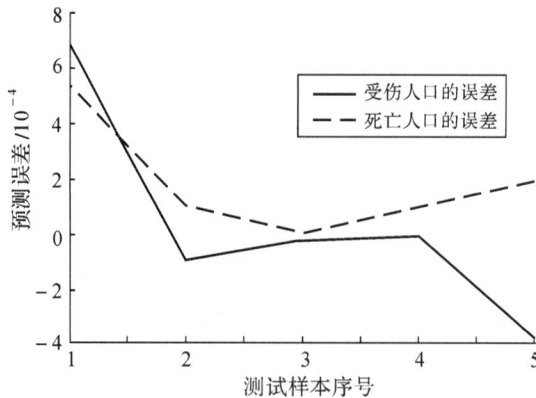

图 4.5　归一化数据的预测误差

　　将输出结果经过反归一化处理后得到预报伤亡人口,和实际伤亡人口比较可得到网络的预测实际值误差,如表 4.1 和表 4.2 所示。

表 4.1　受伤人口预测实际值误差

样本序号	实际受伤人口	预测受伤人口	预测误差	预测误差百分比(%)
5	16980	17233	253	1.49
10	563	526	37	6.48
15	799	789	10	1.25
20	156	152	4	2.66
25	12135	12030	105	0.87

表 4.2 死亡人口预测实际值误差

样本序号	实际死亡人口	预测死亡人口	预测误差	预测误差百分比(%)
5	1328	1457	129	9.68
10	2	24	22	1100
15	4	0	4	100
20	3	24	21	700
25	2698	2743	45	1.68

由表 4.1 可知,网络的预报数值反归一化后,受伤人口的预测误差百分比控制在 7% 以下,预测精度很高。再对表 4.2 分析,由于样本之间死亡人口数量级相差太大,导致对样本 10,15,20 的死亡人口的预测误差百分比比较大,但误差的绝对值最高是 22,在这种大型灾害的救援工作中这个数值是可以接受的。而样本 5,25 的预测误差百分比控制在 10% 以内。

由以上分析可以得出,创建的 BP 网络的性能可以满足实际应用的要求。

第五节 基于需求物资种类的灾区应急物资需求量预测模型

一、应急物资需求量预测需要考虑的因素

(一)伤亡人口

根据聂高众等(2001)的研究成果,应急物资中生活类物资(如粮食、水、帐篷等)的需求量与灾民数量成正比关系,医疗类物资(如医务人员、药品)的需求量与受伤人口也成正比关系,因此可以根据灾民数量或者受伤人口数量进行相应应急物资的需求量预测。

(二)物资种类

按照灾民消耗物资的特征,我们把应急物资分为一次性需求物资和连续性需求物资两种。一次性需求物资是指该物资只需要供应一次即可以满足一定的救援时期内的需求,例如帐篷、手电筒等,这类物资的需求量只与受灾人数有关;连续性需求物资则指灾民对该类物资的需求是连续性的,救援组织需要连续供应该类物资,如粮食、水、药品等,这类物资的需求量不仅与受灾人数有关,而且与救援时期的长短有关,因此我们预测应急物资的需求量时需要对这两类物资分别讨论。

(三)季节差异

突发性灾害发生在不同季节,人均对应急物资的需求量是有差异的。如灾害发生在炎热的夏季相对发生在寒冷的冬季来说,对水的需求量较大;因为气温高伤口容易发炎,而且容易发生传染性疾病,所以对消毒类药品的需求量较大;对御寒类物资(如棉被、帐篷等)的需求量相对较小。

(四)地区差异

突发性灾害发生在不同地区,人均对应急物资的需求量也是有差异的。相对来说,如果灾害发生在人口密集的大城市,首先容易发生因伤亡人口引起的病毒传染;其次,因城市建筑物种类多,结构复杂,生命线工程易发生如火灾等次生灾害;最后,城市的行政级别高,且担负着国家经济发展的主要任务,灾区不稳定造成的影响较大。

二、应急物资需求量预测模型

由以上分析可知,应急物资需求量预测需要考虑伤亡人口、物资种类、季节差异和地区差异等因素,从而可以得到基于需求物资种类的应急物资需求预测模型,如式(4.6)所示:

$$D_k = \begin{cases} Q_k S_k A_k P_k, & k \in Y \\ (TF - TS) v_k S_k A_k P_k, & k \in L \end{cases} \tag{4.6}$$

式中参数的意义如下:

D_k 为对第 k 种物资的总需求量;

Y 为一次性需求物资;

L 为连续性需求物资;

Q_k 为一次性需求物资的人均需求量,如棉被的人均需求量为1,而帐篷的人均需求量为 1/4(假设一顶帐篷住4个人);

S_k 为第 k 种物资的季节系数;

A_k 为第 k 种物资的地区系数;

P_k 为对第 k 种物资有需求的人数,若是生活类物资,需求人数是灾区总人数减去死亡人数,若是医药类物资,需求人数是受伤人数;

TS 和 TF 分别为此次救援开始时间和结束时间,两者之差表示连续性需求物资需要满足灾民需求的时间长度;

v_k 为连续性需求物资的人均消耗速率,如设矿泉水的人均消耗速率为4瓶/人/天。

利用以上模型获得总需求量后,再减去灾区已有物资量就可以获得物资净需求量。通过模型计算的结果可以作为应急物资分配决策所需要的需求信息。

第六节　本章小结

本章首先设计了应急物资需求预测的思路和过程,然后以大型地震中应急物资需求预测为例,为过程中的四个步骤建立了预测过程系列模型。

(1)在定性分析与灾区人口伤亡相关的因素时,认为应按照灾害系统的构成要素,即致灾因子、承灾体和孕灾环境三个方面来考虑伤亡人口的影响因素,从而从定性的角度提出在对地震灾害中人口伤亡预测时要考虑震级、震中烈度、地震发震时间、地震序列类型、受灾面积、灾区人口密度、抗震设防烈度、设计基本地震加速度值、预报水平、灾区行政区域等级、地质背景评价这 11 个影响因素。

(2)定量分析与灾区人口伤亡相关的因素时,根据影响因素与伤亡人口之间的灰色关系,认为可以用灰色关联分析法计算影响因素与伤亡人口之间的关联度。在收集 25 个震例的数据后,先对数据进行了归一化处理,然后计算关联系数、关联度和关联序,据此最后确定了震级、震中烈度、地震发震时间、地震序列类型、受灾面积、灾区人口密度、预报水平、地质背景评价 8 个因素对伤亡人口影响较大。

(3)用 BP 神经网络模型预测灾区人口伤亡数量时,设计了具有 8 个输入神经元、17 个隐含层神经元和 2 个输出神经元的三层 BP 网络。在设定了训练目标和训练次数后,对 20 个样本数据进行了网络训练,训练结果满足要求。通过5 个样本测试训练好的网络的性能,计算预测误差,最终得出用 BP 神经网络模型能够达到实际预测的要求。

(4)灾区应急物资需求量预测时,认为需要考虑伤亡人数、物资种类、季节差异和地区差异这 4 个因素,提出了基于需求物资种类的预测模型,该模型提出了一次性需求物资和连续性需求物资的需求量计算的不同方法。

第五章　基于博弈模型的二级节点网络
应急物资分配决策模型

本章将研究在救援点和受灾点组成的二级节点分配网络中，决策者如何把应急物资由多个救援点向多个受灾点进行分配的问题。应急物资分配系统的网络拓扑结构如图 5.1 所示。

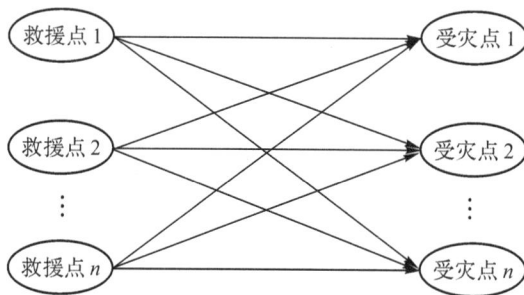

图 5.1　应急物资分配二级节点网络

第一节　博弈模型在应急物资分配决策中的
应用原理及本章研究思路

一、博弈论在应急物资分配决策中的应用原理

博弈论（Game Theory）是研究决策主体的行为具有相互作用的决策理论，主要用于解决社会经济生活中具有斗争或竞争性质的问题，因此又叫"对策论"，属于运筹学的一个重要研究内容。博弈论思想古已有之，中国古代的《孙子兵法》不仅是一部军事著作，还算是最早的一部博弈论著作。博弈论最初主

要研究象棋、桥牌、赌博中的胜负问题,但当时人们对博弈局势的把握只停留在经验上,没有向理论发展。1928年,冯·诺依曼证明了博弈论的基本原理,从而宣告了博弈论的正式诞生。1944年,冯·诺依曼和摩根斯坦共著的划时代巨著《博弈论与经济行为》将二人博弈推广到n人博弈结构并将博弈论系统地应用于经济领域,从而奠定了这一学科的基础和理论体系。1950—1951年,约翰·福布斯·纳什(John Forbes Nash Jr)利用不动点定理证明了均衡点的存在,为博弈论的一般化奠定了坚实的策墨洛(Zermelo)基础。纳什的开创性论文《n人博弈的均衡点》(1950)、《非合作博弈》(1951)等,给出了纳什均衡的概念和均衡存在定理。此外,莱因哈德·泽尔腾、约翰·海萨尼的研究也对博弈论的发展起到推动作用。今天博弈论已发展成一门较完善的学科。

作为一种解决问题的方法,博弈论广泛应用于经济学、政治学、军事、外交、犯罪学等领域。又因为博弈论与经济学具有相同的研究模式,都强调个人理性,追求约束条件下的效用最大化,因此博弈论在经济学上的应用最广泛,许多经济学家都是因为对博弈理论研究的杰出贡献而获得诺贝尔奖。如1994年加利福尼亚大学伯克利分校的约翰·海萨尼(J. Harsanyi)、普林斯顿大学的约翰·纳什(J. Nash)和德国波恩大学的赖因哈德·泽尔滕(R. Selten)这三位数学家在非合作博弈的均衡分析理论方面作出了开创性的贡献,对博弈论和经济学产生了重大的影响;再如2001年加利福尼亚大学伯克利分校的乔治·阿克尔洛夫(G. Akerlof)、美国斯坦福大学的迈克尔·斯宾塞(A. Michael Spence)和美国哥伦比亚大学的约瑟夫·斯蒂格利茨(J. Stiglitz),他们的研究为不对称信息市场的一般理论奠定了基石,他们的理论迅速得到了应用,从传统的农业市场到现代的金融市场,他们的贡献成为现代信息经济学的核心部分;又如法国经济学家梯若尔(J. Tirole),在研究产业组织理论以及串谋问题上,采用了博弈论的思想,让理论和问题得以解决,在规制理论上也有创新。因其在此方面的贡献,于2014年获得了诺贝尔经济学奖。

博弈论通过分析决策双方的行为和效果,研究双方的最优决策,其基本概念包括:局中人(参与人)、战略(策略)、行动、信息、支付函数、结果、均衡等。其中局中人、策略、支付函数构成博弈的三个基本要素,局中人、行动、结果统称为博弈规则,而博弈分析的目的就是使用博弈规则来确定均衡。博弈论分为狭义博弈论和非对称信息博弈论,狭义博弈论在经济管理领域的应用最为广泛。狭义博弈论又分为合作博弈论和非合作博弈论,而后者又可分为完全信息静态博弈、完全信息动态博弈、不完全信息静态博弈和不完全信息动态博弈四种类型。

在应急管理中,决策者往往需要在冲突环境中作出决策,经常会面临两个或者多个参与人相互作用的问题。决策的结局不是取决于某一方的选择,而是取决于双方或者多方的策略选择,是双方或者多方策略行为相互作用的结果,是一个博弈的过程。在应急物资分配决策时,物资供给量经常会少于受灾点的需求量总和,这时不能满足所有受灾点的需求,而且不同救援点的运输时间和救援效率不会完全相同,造成各受灾点在选择救援点和应急物资分配量这两个方面都存在着竞争关系。物资分配决策者应该从受灾者的角度比较各种分配方案,重点考虑如何使每个受灾点的利益最大化,这时博弈论方法为研究物资分配决策提供了新思路。

二、本章研究思路

在国内外相关文献研究成果的基础上,本章认为有以下几个问题值得进一步思考和完善:

(1)在用博弈论研究多受灾点物资分配问题时,几乎所有学者都假设供给是平衡的。事实上,应急实践中特别是救援初期往往会由于供给短缺或者运力不足而造成供给失衡状态,相关学者提出的模型就不适用。

(2)很多学者在研究对受灾点的独立分配物资时都以成本最小为原则,但本书认为,在面对灾害时首先考虑的应是在最短的响应时间内完成救援,并且对响应时间如何科学定义需要进一步认真研究。

(3)作为博弈模型的核心要素,效用函数的定义如何体现救援目标也需要进行探讨。

鉴于此,本章在前人研究的基础上进一步深化研究上述三方面问题,首先按照博弈模型的几大基本要素,建立基于不完全扑灭的多受灾点应急物资分配博弈模型,然后给出适合模型的求解方案,最后用一个仿真算例验证模型和算法的有效性。

第二节　模型假设及问题描述

一、模型假设

任何模型的建立都需要在一定的假设条件下进行,本章作如下假设:

(1)当受灾地需要多种物资时,如果用一种方法能够对其中一种物资进行最优化分配,那么可以重复使用这种方法对其他物资实施分配,因此本章所建立的模型是对单种物资的分配模型。

(2)在组织物资分配时,通过救灾物流体系的运作,所需救援信息都已及时通过不同方式获得,如受灾点的需求量已经通过第三章的预测方法估算得出,再如灾区路况信息已经通过卫星、航空等遥感影像技术确定。

(3)每个受灾点都希望在最短的时间内以最高的效率获得救援,彼此之间不会形成联盟,并希望自己的收益最大化。

(4)由于突发事件的不可预测性,救援初期物资需求总量大于救援点的总供给量。这时作为应急物资分配决策者,不能只考虑个别受灾点的需求,而应从全局角度出发,考虑每个受灾点利益的最大化,以兼顾救援效率与公平,即采取不完全扑灭灾情的策略。

(5)应急物资运输方式有车辆运输、航空运输和人工搬运三种,根据应急物资分配决策目标,选择何种方式时只考虑响应时间,不考虑运输成本。

根据以上假设,该供需不平衡的应急物资分配问题可以描述成由多个受灾点作为局中人的完全信息非合作博弈问题,并且由分配一种物资的非合作博弈模型可以推广到分配其他物资的模型。

二、问题描述

首先进行一些参数设置:

$R = \{R_i \mid i = 1, 2, \cdots, m\}$ 为救援点集合;

$P = \{P_j \mid j = 1, 2, \cdots, n\}$ 为受灾点集合;

d_{ij} 为从救援点 R_i 至受灾点 P_j 的距离;

q_i 为某时刻对于某种应急物资,救援点 R_i 的可供应量,该数值可以通过原有储备量加上新接收的社会捐赠和企业订购计算而得;

b_j 为受灾点 P_j 的净需求量,该数值通过实际需求量减去原有储备量计算而得。

现假设 $\sum_{j=1}^{n} b_j \geqslant \sum_{i=1}^{m} q_i$,则要解决的问题为:如何确定每个救援点 R_i 分配给每个受灾点 P_j 的物资量 x_{ij} ,同时保证物资分配方案能够尽量缩短受灾点的响应时间和利益最大化。

第三节　基于不完全扑灭的单种物资分配的非合作博弈模型

一、将供需不平衡转化成供需平衡

为了实施博弈过程,必须把供需不平衡的问题转化成供需平衡问题,这时需要虚构一个救援地 R_{m+1} ,其供应量是受灾点的总需求量与救援点的总供应量的差额,即 $q_{m+1}=\sum_{j=1}^{n}b_j-\sum_{i=1}^{m}q_i$,相应的,$x_{(m+1)j}$ 就表示受灾点 P_j 的缺货量,需要等待一个补货时间和运输时间才能得到满足。

二、定义响应时间

本章把响应时间最短作为应急物资分配的首要目标,所以必须定义和计算响应时间。

定义 1:从救援点到受灾点的响应时间是指受灾点实际得到救助的时间,数值上等于实际运输时间(或者运输时间与补货所需等待时间之和)除以救援效率系数。

由定义 1 可知,在应急救灾案例中,假设在等待补货时间内路况信息不变时,响应时间函数为

$$t_{ij}=\begin{cases}\dfrac{\min\left\{\dfrac{d_{ij}}{v_1}+t_r\gamma_{ij}d_{ij}+t_a,\dfrac{d_{ij}}{v_2}+t_f,\dfrac{d_{ij}}{v_3}\right\}}{\beta_i}, & i\neq m+1\\[4mm]\min\left\{\dfrac{\min\left\{\dfrac{d_{kj}}{v_1}+t_r\gamma_{kj}d_{kj}+t_a,\dfrac{d_{kj}}{v_2}+t_f,\dfrac{d_{kj}}{v_3}\right\}+t_k}{\beta_k}\,\middle|\,k\in[1,m]\right\}, & i=m+1\end{cases} \quad (5.1)$$

其中所含参数的意义如下:

d_{ij} 为救援点 R_i 与受灾点 P_j 之间的距离;

v_1 为车辆运输的平均速度;

v_2 为航空运输的平均速度;

v_3 为人工搬运的平均速度;

t_a 为车辆组织或启用以及装卸物资所耗费的平均时间;

t_f 为班机组织或启用以及装卸物资所耗费的平均时间;

γ_{ij} 为救援点 R_i 与受灾点 P_j 之间的道路破坏率;

t_r 为修复单位距离平均耗费的时间;

$\beta_i\in[0,1]$,为救援点的救援效率系数(当救援人员经验越丰富或设备可靠性程度越高时,该系数就越大);

t_i 为救援点 R_i 物资补充所需周转时间。

在这个函数中,第一项表达式指受灾点的需求量直接由救援点供应所需要的最少时间,不仅要考虑以运输时间最少选择运输方式,还要考虑各救援点的救援效率;而第二项表达式指受灾点的需求量需要等待一个物资周转时间后由救援点供应所需要的最少时间,要通过计算各救援点补货及运输所需要的时间,即缺货时所需要的响应时间,并对响应时间进行比较,根据比较的结果来确

定由哪个救援点进行补货。

三、定义局中人及其策略

所谓局中人是指博弈中能够独立决策、独立行动并承担决策结果的个人或组织。局中人是理性的，他根据自己的利益来决定行动。一般来说，博弈的局中人越多，情况就越复杂，结果也越难预料。对于博弈模型的建立和求解来讲，局中人设得越多，博弈的纳什均衡解就越难得到，从而影响模型的实用性。

如果把每个受灾点定义为博弈模型的局中人，那么其策略可以定义为受灾点从各救援点获得分配量的一个组合，但是当需求量和供应量的数额较大时，会出现由于策略空间太大而导致不能在多项式时间内求得纳什均衡解的问题，也会影响模型的实用性，因此需要对局中人及其策略的概念重新定义。

本书采用分阶段规划的方法，即在对各受灾点进行独立分配的基础上针对发生冲突的受灾点建立博弈模型，这样会大大减小策略集的大小。具体做法如下：

首先，针对每个受灾点，对各救援点进行排序，本书用前文定义的响应时间作为排序的标准，救援点的响应时间越短，该救援点就排在越前面。

然后，根据排序结果，在不考虑其他受灾点的情况下，对受灾点进行初始分配，并满足两个条件：

(1)假设各救援点的总供应量大于等于每个受灾点的需求量，即 $\sum_{i=1}^{n} q_i \geqslant b_j$ ，则分配到第 j 个受灾点的物资量等于其需求量，即 $\sum_i x_{ij} = b_j$ ；

(2)任意分配方案中的分配量均小于等于相应救援点的可供应量，即 $x_{ij} \leqslant q_i$ 。

最后，检查按照初始分配方案各救援点的分配量 $\sum_j x_{ij}$ 是否大于供给量 q_i ，即是否有冲突物资。假设等待救援点补货所需时间相对正常响应时间非常长，则可以得到命题1。

命题1：当供需不平衡时，初始分配方案必定会出现某个救援点的分配量大于供给量，即必定形成多个受灾点对某个救援点物资展开竞争的情况。

由此，针对冲突物资，相关的受灾点便成为博弈的局中人，对其策略重新定义。

定义2：按照初始分配方案，设在救援点 R_i 发生冲突的物资量为 y ，参与竞争的受灾点的个数为 N ，则局中人 $P_j (j \in [1, N])$ 的策略就是在竞争中获取冲突物资的数量，用 y_j 表示，则存在 $\sum_{j=1}^{N} y_j \leqslant y$ 。

按照定义2，设局中人 P_j 的策略集为 $s_j = \{y_{j1}, y_{j2}, \cdots, y_{jr(j)}\}$ ，其中 $r(j)$ 为

其策略数,采用递归算法产生 N 个局中人的组合策略,记为 $S = \{s_1, s_2, \cdots, s_N\}$,可见新定义使局中人的数量及其策略空间大大缩小,方便下一步求模型的纳什均衡解。

四、定义支付矩阵

在博弈论中,支付是指在一个特定的策略组合下局中人得到的效用或者遭受的损失,是每个参与博弈的人真正关心的东西。支付不仅取决于自己的策略,而且取决于其他局中人的策略选择。

为了突出第 j 个局中人的策略,用 $S_{-j} = \{S_{-j1}, S_{-j2}, \cdots, S_{-jm(j)}\}$ 表示除 P_j 外其他所有局中人所采取的组合策略,其中 $m(j) = \prod\limits_{k \neq j} r(k)$,则支付矩阵如表 5.1 所示。

表 5.1　局中人的支付矩阵

P_1	S_{-j1}	S_{-j2}	$\cdots$	$S_{-jm(j)}$
s_{j1}	U_{j11}	U_{j12}	$\cdots$	$U_{j1m(j)}$
s_{j2}	U_{j21}	U_{j22}	$\cdots$	$U_{j2m(j)}$
$\cdots$	$\cdots$	$\cdots$	$\cdots$	$\cdots$
$s_{jr(j)}$	$U_{jr(j)1}$	$U_{jr(j)2}$	$\cdots$	$U_{jr(j)m(j)}$

表 5.1 所示矩阵中的元素 U 就是支付,在本模型中对局中人支付的定义如下。

定义 3：当所有局中人获取的冲突物资总量等于总的冲突物资量时,局中人 P_j 的支付是其从 R_i 分配 y_j 冲突物资所获得的收益与其他局中人放弃冲突物资而遭受的损失之和,否则支付是 0。支付用 U_{jkl} 来表示,其中 $k \in [1, r(j)], l \in [1, m(j)]$。

命题 2：当最优分配不能执行时考虑次优分配(即由救援点排序中的下一个响应时间较短的救援点供应),收益或损失与响应时间的缩短量或延长量(用 Δt_{ij} 表示)、分配或放弃的冲突物资量,以及该受灾点对物资的需求紧迫程度(用 ω_j 表示,可以根据受灾人口的特点或者受灾情况来确定,值越大表示越紧迫)的关系均是线性正相关。

由定义 3 和命题 2 可得局中人的支付函数为

$$U_{jkl} = \begin{cases} \omega_j \cdot y_j \cdot \Delta t_{ij} + \sum\limits_{k \neq j} \omega_k \cdot (\min\{x_{ij}, y\} - y_k) \cdot \Delta t_{ik}, & \text{若} \sum\limits_j y_j = y \\ 0, & \text{其他} \end{cases}$$

$$(5.2)$$

五、寻找纳什均衡解的方案

本模型属于 N 人有限非合作博弈模型,Nash(1951)证明此类模型一定存在纳什均衡解,Mckelvey 和 Mclennan(1996)通过定义一个非负实值函数把寻找纳什均衡解的问题转化为求此模型的极小值问题,Pavlidis 等(2005)在其基础上用三种智能计算方法,即协方差矩阵的适应进化策略(Covariance Matrix Adaptation Evolution Strategies)、粒子群优化(Particle Swarm Optimization,PSO)和差分进化(Differential Evolution)研究了求此模型极小值的效果,研究结果表明 PSO 方法在寻找纳什均衡解时表现优异,所以本章采用 PSO 方法对模型求解。

设 $p_{jk} \in [0,1]$ 为局中人 P_j 采取策略 s_{jk} 的概率,且 $\sum\limits_{k \in [1,r(j)]} p_{jk} = 1$,设 $p = (p_1, p_2, \cdots, p_N)$,$p_{-j} = \{p_k | k \in [1,N],且\ k \neq j\}$,$p(s) = \prod\limits_{j \in [1,N]} p_j(s)$,$u_j(p) = \sum\limits_{s \in S} p(s) u_j(s)$,则适应度函数如式(5.3)所示:

$$fitness = \sum_j \sum_k [\max\{u_j(s_{jk}, p_{-j}) - u_j(p), 0\}]^2$$
$$+ M \sum_j \sum_k (\min\{p_{jk}, 0\})^2 + M \sum_j (1 - \sum_k p_{jk})^2$$
$$+ M(\min\{\sum_j \sum_k p_{jk} y_{jk} - y, 0\})^2 \quad (5.3)$$

式中第一项由纳什均衡解的定义可得,第二项表示局中人的概率值非负,第二项表示局中人采取各项策略的概率值和为 1,第四项指所有局中人获得冲突物资的期望值之和等于冲突物资的总量,M 为足够大的正数,在这里充当罚数。由此可知,当且仅当 $fitness(p^*) = 0$ 时,p^* 是纳什均衡解。所以求出式(5.3)的极小值,便可得纳什均衡解。

根据相关文献的研究,用 PSO 算法求解纳什均衡解的过程如下:

(1)初始化 N 个微粒个体,按照式(5.3)计算每一个微粒的适应值。

(2)进行停机条件判断,如果满足停机条件,则停止运行并输出结果;否则,继续。

(3)微粒群中的每个微粒的速度按照式(5.4)进行更新:
$$v_{id}(t+1) = w v_{id}(t) + c_1 r_1 (pbest_{id} - x_{id}(t))$$
$$+ c_2 r_2 (gbest_d - x_{id}(t)) \quad (5.4)$$
式中所含参数的含义:

$v_{id}(t)$ 表示粒子 i 在 t 时刻 D 维的运行速度;

$x_{id}(t)$ 表示粒子 i 在 t 时刻 D 维的位置;

w 为惯性常数；

c_1,c_2 为学习因子；

r_1,r_2 分别为[0,1]内的均匀随机数；

pbest 和 *gbest* 分别表示每个粒子自身历史最佳位置和所有粒子历史最佳位置。

(4)微粒群中每个微粒的位置按照式(5.5)更新：

$$x_{id}(t+1) = x_{id}(t) + v_{id}(t+1) \tag{5.5}$$

(5)评价每个微粒的适应值，转(2)。

第四节　博弈模型的应用研究

一、基于不完全扑灭的应急物资分配算法设计

Step1 判断供需是否均衡，如果是，转 Step3。

Step2 虚构一救援点，使其供应量为总需求量与总供应量的差额。

Step3 对每个受灾点，计算从各救援点到该受灾点的响应时间，并按照从小到大排序。

Step4 对每个受灾点进行以响应时间最短为目标的独立分配，形成初始分配方案。

Step5 对未标记常态的每个救援点的分配情况进行判断，按照最新分配方案判断其分配总量是否大于供应量。如果没有前述情况，说明当前分配方案是最优方案，算法结束；否则在该救援点的相关冲突受灾点之间形成一个博弈关系。

Step6 建立冲突受灾点之间的静态非合作博弈模型，用 PSO 算法寻找纳什均衡解，并修改物资分配方案，把该救援点标记为常态，不再参加 Step5 的判断。

Step7 对新分配方案中需求没有得到满足的受灾点，由 Step3 形成的排序结果的下一个响应时间稍长的救援点来满足其剩余需求，返回 Step5。

为了更清楚地表达算法，将算法设计以流程图的形式表示，如图 5.2 所示：

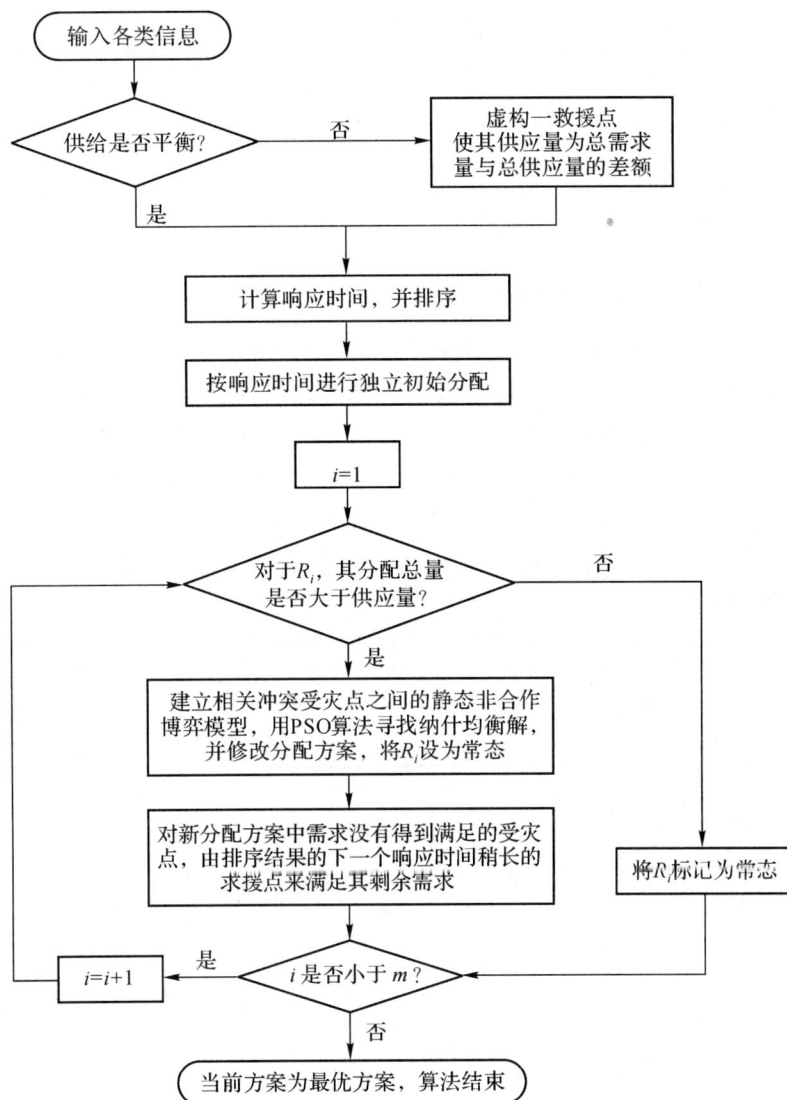

图 5.2　应急物资分配算法流程

二、数值算例

(一)算例信息

设某个地震灾区有 5 个受灾点,对某种应急物资的需求量分别为 6,7,10,9,10;有 3 个救援点同时提供这种物资,供给量分别为 8,15,17。各救援点到各受灾点的距离如表 5.2 所示。

表 5.2　各救援点到各受灾点的运输表

d_{ij}（km）	P_1	P_2	P_3	P_4	P_5	供应量
R_1	100	120	70	85	150	8
R_2	90	150	50	80	100	15
R_3	70	95	40	110	160	17
需求量	6	7	10	9	10	

各种运输方式的速度 v_1, v_2, v_3 分别为 $50km/h, 200km/h, 5km/h$，车辆和班机组织启用以及装卸物资所耗费的平均时间 t_a 和 t_f 分别为 2h 和 10h，不同救援点的救援效率 $\beta_1, \beta_2, \beta_3$ 分别为 $0.8, 1, 0.9$，修复单位距离平均耗费的时间 t_r 为 3h/km，物资补充所需周转时间 t_1, t_2, t_3 分别为 28h, 33h, 36h，对物资的需求紧迫程度 $\omega_1, \omega_2, \omega_3, \omega_4, \omega_5$ 分别为 $1.2, 1.1, 1.5, 1.0, 1.6$，道路破坏率如表 5.3 所示。

表 5.3　各救援点到各受灾点的道路破坏率

γ_{ij}	P_1	P_2	P_3	P_4	P_5
R_1	0.05	0.03	0.01	0.02	0.00
R_2	0.03	0.01	0.04	0.02	0.01
R_3	0.03	0.01	0.02	0.03	0.04

(二)响应时间计算

由已知信息可知，总需求量为 42，而总供应量为 40，则虚构救援点 R_4 的供应量为 2，按照式(5.1)计算各节点之间的响应时间，结果如表 5.4 所示。

表 5.4　各救援点到各受灾点的响应时间　　　　　　　（单位:h）

t_{ij}	P_1	P_2	P_3	P_4	P_5
R_1	15.63	13.25	6.88	11	6.25
R_2	10.45	9.5	9	8.4	6.4
R_3	10.78	7.5	5.78	11.72	12
R_4	43.35	42.5	41.88	41.4	39.4

(三)对各救援点排序,按照排序结果对受灾点独立分配

排序结果为

$$P_1 : R_2 > R_3 > R_1 > R_4$$
$$P_2 : R_3 > R_2 > R_1 > R_4$$
$$P_3 : R_3 > R_1 > R_2 > R_4$$

$$P_4 : R_2 > R_1 > R_3 > R_4$$
$$P_5 : R_1 > R_2 > R_3 > R_4$$

从各受灾点对救援点的排序结果来看,由于缺货等待时间比较长,受灾点以自己的响应时间最短为目标,均不愿意由虚构的救援点来供货,以致在供需不均衡时,必然会造成对某些救援点的物资进行竞争。

$$独立分配结果为：x_{ij}^{(1)} = \begin{bmatrix} 0 & 0 & 0 & 0 & 8 \\ 6 & 0 & 0 & 9 & 2 \\ 0 & 7 & 10 & 0 & 0 \\ 0 & 0 & 0 & 0 & 0 \end{bmatrix}$$

(四)针对冲突物资构建博弈模型

在本例中,救援点 R_2 的分配量 17 超过其供应量 15,则 y 为 2,这时 P_1,P_4,P_5 之间形成博弈关系,构建博弈模型。P_1,P_4,P_5 的策略集为 $s_1 = s_4 = s_5 = \{0,1,2\}$,则 $r(1) = r(2) = r(3) = 3$,$m(1) = m(2) = m(3) = 9$,按照式(5.2)得各受灾点的支付矩阵,结果如表 5.5~5.7 所示。

表 5.5 受灾点 P_1 的支付矩阵

P_1	(0,0)	(0,1)	(0,2)	(1,0)	(1,1)	(1,2)	(2,0)	(2,1)	(2,2)
0	0	0	5.2	0	11.56	0	17.92	0	0
1	0	14.556	0	20.916	0	0	0	0	0
2	23.912	0	0	0	0	0	0	0	0

表 5.6 受灾点 P_4 的支付矩阵

P_4	(0,0)	(0,1)	(0,2)	(1,0)	(1,1)	(1,2)	(2,0)	(2,1)	(2,2)
0	0	0	0.792	0	9.356	0	17.92	0	0
1	0	12.352	0	20.916	0	0	0	0	0
2	23.912	0	0	0	0	0	0	0	0

表 5.7 受灾点 P_5 的支付矩阵

P_5	(0,0)	(0,1)	(0,2)	(1,0)	(1,1)	(1,2)	(2,0)	(2,1)	(2,2)
0	0	0	0.792	0	2.996	0	5.2	0	0
1	0	12.352	0	14.556	0	0	0	0	0
2	23.912	0	0	0	0	0	0	0	0

(五)求纳什均衡解,得新分配方案

按照式(5.3)构造适应度函数,用 Matlab 7.9 编写 PSO 程序,仿真计算得其中一个纳什均衡解为:$p_1^* = (0.27, 0.56, 0.17)$,$p_4^* = (0.69, 0.31, 0.00)$,$p_5^* = (0.30, 0.53, 0.17)$,则 $s^* = (1, 0, 1)$,重新调整分配方案得 $x_{ij}^{(2)}$,并且把 R_2 定为常态。

$$x_{ij}^{(2)} = \begin{bmatrix} 0 & 0 & 0 & 2 & 8 \\ 6 & 0 & 0 & 7 & 2 \\ 0 & 7 & 10 & 0 & 0 \\ 0 & 0 & 0 & 0 & 0 \end{bmatrix}$$

(六)重复以上过程,最终得最优分配方案

经检查发现在 R_1 分配量大于供应量,则 P_4 与 P_5 形成新的博弈关系,建模求解得:$s_4^* = 0, s_5^* = 2$,新分配方案为 $x_{ij}^{(3)}$。把 R_1 设为常态。

$$x_{ij}^{(3)} = \begin{bmatrix} 0 & 0 & 0 & 0 & 8 \\ 6 & 0 & 0 & 7 & 2 \\ 0 & 7 & 10 & 2 & 0 \\ 0 & 0 & 0 & 0 & 0 \end{bmatrix}$$

同理在 R_3 处,P_2, P_3, P_4 三者形成博弈关系,建模求解得:$s_2^* = 1, s_3^* = 1$,$s_4^* = 0$,得新分配方案 $x_{ij}^{(4)}$。把 R_3 设为常态。

$$x_{ij}^{(4)} = \begin{bmatrix} 0 & 0 & 0 & 0 & 8 \\ 6 & 0 & 0 & 7 & 2 \\ 0 & 7 & 10 & 0 & 0 \\ 0 & 0 & 0 & 2 & 0 \end{bmatrix}$$

这时所有救援点分配量均与其供应量相等,所以当前方案为最优分配方案。

从三次博弈的仿真结果看,对物资需求越紧迫、按次优方案分配时响应时间延长量越大的受灾点在博弈中越容易得到冲突物资,说明本书提出的物资分配模型具有有效性和合理性。应着重强调的是,本书提出的不完全扑灭策略,建立针对冲突受灾点的博弈模型并求其纳什均衡解,具有很大的现实意义。在这种策略下,所有受灾点都实现了利益最大化,满意度相对提高,救灾效果较好,使应急物资分配兼顾到效率和公平,实现了效率与公平的统一。

第五节 本章小结

本章研究了如何在具有二级节点的应急物资分配网络中构建应急物资分

配决策模型。

（1）分析了用博弈论方法研究应急管理和应急物资分配的原理，提出了本章的研究思路。

（2）设计了基于不完全扑灭策略的应急物资分配算法，重点构建了完全信息非合作博弈模型。该算法首先通过虚构救援点将供需不平衡问题转化为供需平衡问题，其次通过综合考虑应急救援运输和救援效率科学构建了响应时间函数，并以此为目标进行初始分配，然后设计了局中人及其支付函数，构建了博弈模型，最后通过构建适应度函数，提出用粒子群算法（PSO 算法）求解模型的思路。

（3）用一个算例证明该模型和算法能解决多个受灾点对资源需求的冲突，实现合理地分配应急物资的目的。

第六章　基于多种应急物资需求的二级网络分配决策模型

第一节　网络构建及本章研究思路

一、网络构建

在实际应急物资需求的调研中我们获悉,灾区的物资需求经常是多种多样的,如发生地震灾害时可能同时需要水、帐篷和方便面,再如发生传染性疾病灾害时同时需要药品和口罩等。因此,在应急物资的分配管理中需要将多种物资进行组合并实施配送,才能满足灾区人民的多种需求。在第五章提出的商品组合化处理中,假设每个受灾点对多种物资的需求比例是一致的,但是在实践中往往也会出现不成比例的情况,这时就需求针对不同灾区进行重新组合配置。因此,本章将着力于研究基于多种应急物资需求的物资分配问题,构建分配网络时将在第五章具有二级节点的分配网络基础上,增加多种物资的组合配送,即具有多种应急物资、多救援点、多受灾点的分配网络,如图 6.1 所示。

二、本章研究思路

在分析现有国内外相关学者的研究成果、实践调研和网络构建的基础上提出本章研究思路:

(1)应急物资分配决策要以应急系统损失最小为目标,这样更能反映应急物资分配的基本原则。因为灾后最重要的事情是以最有效的方式来减少人民的生命和财产损失,与节省应急响应时间和应急响应成本相比较,减少损失应该是第一位的。

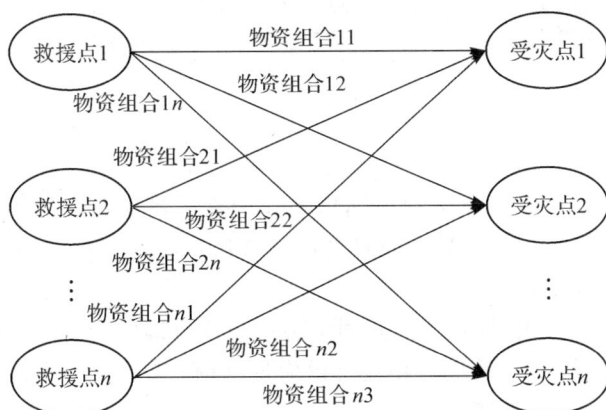

图 6.1　拥有多种物资组合的二级节点分配网络

（2）在应急物资分配过程中，经常出现供给短缺或运力不足的情形，这时会造成应急物资需求不能在规定时间内全部得到满足，即灾害无法全部扑灭（即不完全扑灭）的情形，应考虑如何通过全局优化保证不同受灾点物资分配的相对公平性，即在构建模型时引入最低保障率系数。

（3）研究对象扩展到对多个救援点、多个受灾点、多种物资的分配决策（如以上网络构建所示），这是应对突发性灾害事件时应急物资分配实践中出现可能性更高、更符合实际的情况。

本章将沿着以上思路构建应对突发性灾害事件的不完全扑灭的物资分配决策模型，即将完全扑火供给的研究扩展到不完全扑火供给情形，将单救援点或单种物资分配模型扩展到多救援点、多种物资分配的模型，并从理论上分析最优性条件，利用优化技术求解模型的最优解。

第二节　问题的描述及假设

一、问题的描述

问题描述如下：

设有 l 个救援点，存储 m 种应急物资，n 个受灾点，第 i（$i = 1, 2, \cdots, l$）个救援点储存应急物资 j（$j = 1, 2, \cdots, m$）的存储量为 a_{ij}，受灾点 k（$k = 1, 2, \cdots, n$）对物资 j 的需求量为 d_{jk}，d_j 为全部受灾点对物资 j 的总需求量，c_{ik} 为救援点 i 到受灾点 k 的运力，各受灾点对各种物资的最低保障率为 e。要求给出一个方案,确定救援点 i 分配到受灾点 k 的第 j 种物资的数量 S_{ijk},同时保证物资分配方案能够尽量减少各受灾点的系统损失,并兼顾受灾点的相对公平。

二、模型假设

本章作如下假设:

(1)在应急物资总供应量短时间内不能全部满足应急物资需求时,为了兼顾受灾点的相对公平,应急物资管理部门能够快速决定应急物资分配的最低保障率,即物资实际供应量与总需求量的比率。

(2)在组织物资配送时,受灾点对每种应急物资净需求量(实际需求量—原有储备量)、救援点的每种应急物资可供应量(原有储备量+新接收的社会捐赠和企业订购)这些与物资需求和供应相关的信息,通过救灾物流信息系统的运作已经及时获得。

(3)由于突发性灾害事件的影响,许多道路被破坏或者堵塞以致救援道路的车辆通行能力受到限制,另一方面应急物资需求突增造成的运输车辆需求突增,因此救援点到受灾点之间的运力不能满足应急需求。

(4)如图 7.1(见本书 P114)所示,救援点和受灾点之间只有单向运输,即救灾物资救援点到需求点配送,而且在同级节点内部不存在水平转运问题。

(5)为提高应急物资配送效率,假设不同应急物资对运输车辆和运输容器等运输条件的要求基本相同,不同物资能够混载。

第三节　模型的建立

一、决策变量

根据问题描述得知该问题是要解决物资分配问题,所以设 S_{ijk} 为救援点 i 分配给受灾点 k 的第 j 种物资的数量。决策变量的集合是一个三维矩阵 $S = \{S_{ijk}(i = 1,2,\cdots,l;j = 1,2,\cdots,m;k = 1,2,\cdots,n)\}$。

二、目标函数

本章以应急系统的整体损失最少为目标,而应急系统的损失是由各个受灾点的损失构成的,因此在构建目标函数时要先构建单个受灾点的损失函数。

首先,我们要分析与损失相关的因素有哪些。

(一)未满足量

这里的损失我们理解为是由于受灾点的需求未得到满足而产生的,因此损失的多少与未满足量是正相关的,受灾点 k 对应急物资 j 的未满足量表示为 d_{jk} $- \sum_{i=1}^{l} S_{ijk}$ 。又因为不同物资的需求量的单位和基数均不同,所以为了让不同物资的未满足量能直接相比较,必须消除量纲的影响,这里的处理办法是用未满足率来代替。

(二)受灾的严重程度

损失还与受灾的严重程度有关,这里称为灾害指数,用 α 表示。目前一般使用灾害强度指数、破坏度、灾度、灾类等来表达灾害的绝对灾情等级。灾害指数 α 依赖灾害的绝对灾情等级,绝对灾情等级越大,则 α 就越大,造成的受灾点损失就越大。

(三)应急物资的种类

损失与应急物资的种类有关,因为不同应急物资对于灾民来说具有不同的功能和作用,对于受灾点和受灾人员而言其重要性也有差异。这里使用物资系数 ω'_j 表示应急物资 j 的重要性,当 ω'_j 越大,说明物资重要性越大,其未满足时造成的损失就越大。如对于受灾人员,药品的作用是救死扶伤,而衣服的作用是保暖御寒,因此药品的重要性要大于衣服,其对应的物资系数 ω'_j 也就相对较大。

(四)受灾点的灾情

损失与受灾点的灾情有关。在同一次突发性灾害事件中不同受灾点的灾情会有很大不同,如在地震中受灾点房屋损坏程度、次生灾害发生次数和强度、天气情况等,以及受灾人员的受伤程度、年龄、性别、饥饿时间等均存在很大差异,因而不同受灾点对应急物资(如食品、药品、衣物等)的需求紧迫程度也不完全相同。如在有些受灾点可能重伤员相对比较多,那么其对药品的需求比其他受灾点更加紧迫。而在另一些受灾点房屋损毁严重,同时阴雨连绵,其对帐篷的需求比其他受灾点更加迫切。因此,受灾点系数 ω'_{jk} 表示受灾点 k 对物资 j 的需求紧迫程度, ω'_{jk} 越大,表示该受灾点对于物资 j 的需求就越紧迫。

令 $\omega_{jk} = \omega'_j \times \omega'_{jk}$,则 ω_{jk} 既表达了应急物资的重要性,又表达了受灾点对物资需求的紧迫性,即当应急物资未满足需求量为 1 单位(标准化后)时造成的受灾点损失的差异,称 ω_{jk} 为差异系数。

根据以上的分析,我们得到当受灾点 k 对应急物资 j 的需求未满足时产生的损失函数为 $L_{jk} = \omega'_j \times \omega'_{jk} \times (d_{jk} - \sum_{i=1}^{l} S_{ijk})^{\alpha} / d_j^{\alpha}$, $(\alpha \geqslant 1)$,则所有受灾点的系统损失函数为 $L = \sum_{j=1}^{m} \sum_{k=1}^{n} L_{jk}$ 。综上,目标函数为式(6.1)。

$$\min L = \sum_{j=1}^{m} \sum_{k=1}^{n} \frac{\omega_{jk}}{d_j^a} \left(d_{jk} - \sum_{i=1}^{l} S_{ijk} \right)^a, \alpha \geqslant 1 \tag{6.1}$$

三、约束条件

根据问题描述,该模型的决策目标应该受以下几方面的约束。

(一)储备量约束

储备量约束即从每个救援点发出的每种应急物资的总量不大于该物资在此救援点的储备量,如式(6.2)所示。

$$\sum_{k=1}^{n} S_{ijk} \leqslant a_{ij}, i = 1, 2, \cdots, l; j = 1, 2, \cdots, m \tag{6.2}$$

(二)动力限制约束

动力限制约束即从各救援点分配到各个受灾点的物资总量不能超过该救援点到该受灾点的运输能力,如式(6.3)所示。

$$\sum_{j=1}^{m} S_{ijk} \leqslant c_{ik}, i = 1, 2, \cdots, l; k = 1, 2, \cdots, n \tag{6.3}$$

(三)各个受灾点的需要量限制约束

各个受灾点的需要量限制约束即从各救援点分配给每个受灾点的每种物资的总量不能超过该受灾点对该种物资的实际需求量,如式(6.4)表示。

$$\sum_{i=1}^{l} S_{ijk} \leqslant d_{jk}, j = 1, 2, \cdots, m; k = 1, 2, \cdots, n \tag{6.4}$$

(四)物资分配的相对公平约束

物资分配的相对公平约束即对各个受灾点供应每种物资的总量与其需求量的比率不低于事先确定的物资最低保障率,如式(6.5)所示。

$$\sum_{i=1}^{l} S_{ijk} \geqslant ed_{jk}, j = 1, 2, \cdots, m; k = 1, 2, \cdots, n \tag{6.5}$$

(五)非负约束

非负约束即所有的分配量均是正数,如式(6.6)所示。

$$S_{ijk} \geqslant 0, i = 1, 2, \cdots, l; j = 1, 2, \cdots, m; k = 1, 2, \cdots, n \tag{6.6}$$

第四节　模型求解分析

一、利用 Matlab 语言求解模型的思路

因为 $\alpha \geqslant 1$，所以本模型是目标函数为非线性的约束优化问题。本章选择 Matlab 语言求解此问题，是因为 Matlab 相对于其他包括 Fortran 和 C 在内的多种高级语言来说，不仅具有语言简洁紧凑、库函数丰富等优点，而且具有功能强大的工具箱，特别是优化工具箱对于求解非线性规划非常方便。优化工具箱中 fmincon 函数使用较多，用此函数求解约束优化问题迭代次数少。但是如果函数有多个不同局部最优解，不同的初值会收敛到不同的值，则使用该函数求解必须证明模型是凸规划问题，如果这个结论成立，则可以说明问题的任意局部最优解也是其全局最优解。

二、证明模型是凸规划模型

根据凸规划的定义首先证明目标函数 L 是凸函数，则需证明其 Hessian 矩阵是半正定阵。经计算，Hessian 矩阵是由 $l \times l$ 个相同的对角阵组成的一个实对称阵，而对角阵的对角元素是目标函数 L 对决策变量 S_{ijk} 的二阶偏导数，即

$$\frac{\partial^2 L}{\partial S_{ijk}^2} = \frac{\omega_{jk}}{d_j^\alpha} \alpha(\alpha-1)\left(d_{ik} - \sum_{i=1}^l S_{iik}\right)^{\alpha-2}, \alpha \geqslant 1; i = 1,2,\cdots,l$$

由于 $\alpha \geqslant 1$，因此二阶偏导数为非负。经计算，Hessian 矩阵的左上角各阶主子式都大于或等于零，则 Hessian 矩阵是半正定阵，故目标函数 L 为凸函数。又因为所有约束条件都是线性函数，则把约束(6.2)、(6.3)、(6.4)看成是凸函数，把约束(6.5)和(6.6)看成是凹函数，从而可以证明该模型为凸规划模型。

三、用 fmincon 函数求解模型的步骤

使用 fmincon 函数时选用中型算法(序列二次规划法)，在每步迭代中求解二次规划问题，并用 BFGS 法更新拉格朗日 Hessian 矩阵。具体求解过程如下：

(1)建立 M 文件定义目标函数；

(2)建立 M 文件定义约束条件；

(3)激活优化工具箱，选择选项"fmincon"和"Active set"，把两个 M 文件名及初值输入，点击"start"即可获得最优方案。

第五节　模型应用举例

一、参数设置

设某洪涝灾区有四个受灾点,由于受灾点的建筑结构、人口分布、天气情况都有差异,所以受灾程度不同,对各种物资的需要量也不同。各受灾点对药品、设备、食品、衣物和帐篷五种应急物资的需求情况如表6.1所示。

表6.1　各受灾点的应急物资需求情况　　　　　　　　　　（单位:t）

	受灾点1	受灾点2	受灾点3	受灾点4	合计
药品	3.5	8.3	4.7	2.9	19.4
设备	53.8	43.7	30.1	56.3	183.9
食品	378.8	1094.3	588.8	255.4	2317.3
衣物	593.4	1708.9	921.1	397.5	3620.9
帐篷	467.5	1362.2	730.4	308.3	2868.4
合计	1497.0	4217.4	2275.1	1020.4	9009.9

设有两个救援点,则两个救援点储存的五种应急物资的数量 a_{ij} 如表6.2表示。

表6.2　救援点可供应的应急物资情况　　　　　　　　　　（单位:t）

应急物资 数量	药品	设备	食品	衣物	帐篷	合计
a_{1j}	10.5	100	1000	1507	1160	3777.5
a_{2j}	9	78	1100	1700	1105	3992
合计	19.5	178	2100	3207	2265	7769.5

两个救援点到四个受灾点的运力 c_{ik} 如表6.3所示。

表6.3　救援点到各受灾点的运力情况　　　　　　　　　　（单位:t）

运力	受灾点1	受灾点2	受灾点3	受灾点4	合计
c_{1k}	800	2800	800	650	5050
c_{2k}	600	500	1050	400	2550
合计	1400	3300	1850	1050	7600

根据物资的作用及其对受灾人员的重要性,设定物资系数 ω'_j。根据各个受灾点的属性(如在地震中受灾点房屋损坏程度、次生灾害发生情况、天气情况等)和受灾人员的属性(如受灾人员的受伤程度、年龄、性别、饥饿时间等)设定受灾点系数 ω'_{jk}。根据公式 $\omega_{jk}=\omega'_j\times\omega'_{jk}$,求出差异系数 ω_{jk},如表6.4所示。

表6.4 差异系数 ω_{jk}

	受灾点1	受灾点2	受灾点3	受灾点4
药品	3.3	1.96	1.7	1.64
设备	1.42	1.68	3.55	1.28
食品	1.21	1.1	1.32	1.32
衣物	1.0	1.2	1.0	1.1
帐篷	1.0	1.3	1.1	2.2

根据各种应急物资的储备情况和救援点到各受灾点的运力情况设定公平度系数 e。各种物资储备量与其需求量的最小比值为0.790,救援点到各受灾点的运力与各受灾点物资需求量的最小比值为0.782,公平度系数 e 必须小于这两个比值的最小值,即小于0.782。则设公平度系数 e 为0.70。

根据灾情调查,确定灾害指数,现定 $\alpha=2$。求最优分配方案。

二、模型求解

将上述参数值代入模型,使用 Matlab 7.9 的 fmincon 函数,得到最优目标函数值为0.1255,最优解及各受灾点各种物资的满足率如表6.5所示。

表6.5 $\alpha=2$ 时的最优解　　　　　　　　(单位:t)

	受灾点1			受灾点2			受灾点3			受灾点4			合计
	S_{1j1}	S_{2j1}	%	S_{1j2}	S_{2j2}	%	S_{1j3}	S_{2j3}	%	S_{1j4}	S_{2j4}	%	(吨)
药品	0.496	2.943	98.3	7.231	0.971	98.8	0.334	4.261	97.8	2.44	0.345	96	19.021
设备	30.368	11.472	77.8	29.755	3.826	76.8	1.213	24.083	84	38.664	4.48	76.6	143.86
食品	104.21	161.65	70	702.41	63.597	70	125.41	286.75	70	67.967	110.11	70	1622.1
衣物	191.66	223.72	70	930.56	266.37	70	254.05	390.02	70	130.74	147.51	70	2534.6
帐篷	126.34	200.21	70	787.61	165.23	70	167.10	344.88	70	78.961	137.55	70	2007.9
合计	453.07	600		2457.6	500		548.1	1050		318.77	400		6327.5

从总体来看,各受灾点获得药品的满足度是最高的,其次是救援设备,说明在运力有限的情况下重要性比较大的物资优先得到分配;而对于同一应急物资,受灾点对其需求的紧迫性越大,其满足率也相对较高,如受灾点3相对其

受灾点对设备的需求比较紧迫,所以满足率也是最高的(84%),说明物资优先分配到对物资需求比较紧迫的受灾点。

三、公平约束条件的作用分析

如果去掉式(6.5)的公平约束,重新求解,得到最优目标函数值为 0.0825,最优解及各受灾点物资的满足率如表 6.6 所示。

表 6.6 $\alpha=2$ 时的最优解——无公平约束   (单位:t)

	受灾点 1			受灾点 2			受灾点 3			受灾点 4			合计
	S_{1j1}	S_{2j1}	%	S_{1j2}	S_{2j2}	%	S_{1j3}	S_{2j3}	%	S_{1j4}	S_{2j4}	%	(吨)
药品	3.344	0.153	99.9	4.024	4.268	99.9	1.251	3.443	99.9	1.881	1.013	99.8	19.376
设备	29.994	22.14	96.9	27.051	14.914	96	7.694	21.737	97.8	35.26	19.208	96.7	178.00
食品	44.9	223.52	70.7	798.66	93.696	81.5	143.09	343.61	82.7	13.355	138.95	59.9	1799.8
衣物	123.71	140.69	44.6	1062.3	195.70	73.6	276.07	314.95	64.3	44.905	53.684	24.8	2212.0
帐篷	46.439	213.49	55.7	907.96	191.42	80.8	177.32	366.27	74.3	28.29	187.15	69.7	2118.3
合计	248.39	600		2800	500		605.4	1050		123.69	400		6327.5

观察表 6.6 的数据可以发现,无公平约束情况下各受灾点的物资满足率分布很不均匀,最高的药品的分配几乎达到 100%,而最低的衣物满足率只有 24.8%,远远低于设定的公平度系数 0.7。未达到公平度系数指标的共有 6 个,其中有 3 个是对受灾点 4 的分配,因而该分配方案对受灾点 4 来说是非常不公平的。由此验证了没有公平约束,很难保证最优分配方案的公平性。

对比具有公平约束和不具有公平约束情况下的目标函数值可以发现,公平约束条件下的系统损失更大,也就是说相对公平的物资分配方案的实现是以增加系统损失为代价的。如果系统增加的损失在可以接受的范围内,那么公平约束还是有很大意义的。

四、灾情指数的影响分析

如果灾情指数 α 取不同的值,损失函数的最优取值如表 6.7 所示。

表 6.7   不同 α 值时的损失函数的最优取值比较

灾情指数	$\alpha=1$		$\alpha=2$		$\alpha=3$		$\alpha=4$	
公平约束	有	无	有	无	有	无	有	无
损失函数最优取值	0.1393	0.0911	0.1255	0.0825	0.0134	0.007	0.0017	0.0008

从表 6.7 可以看到,当 α 比较小时,损失函数值相对比较大,而随着 α 的增

大,损失函数值减小,而且有无公平约束对函数值的影响也同时减少,那就是说当灾情比较严重时,应用此模型可以在系统效率提高的同时兼顾公平,即达到效率与公平的统一。

第六节　本章小结

在相关研究的基础上,本章主要研究了多救援点、多受灾点、多种应急物资分配决策问题。

（1）研究内容及创新点

首先,根据应急管理实践和相关文献在由多个应急物资救援点、多个受灾点组成的二级节点的分配网络的基础上,提出具有多种物资组织策略的分配网络。

其次,在总体思路下,提出相关假设,构建了以受灾点系统损失最小为目标,考虑公平约束、需求量约束、供应约束、动力约束等约束的应急物资分配决策模型。该模型的决策变量是三维决策变量,解决从不同救援点到不同受灾点运输不同应急物资的运输量是多少的问题。模型中构造的系统损失函数考虑了各种应急物资的重要性和各受灾点对物资的需求紧迫性,以及受灾程度。

最后,在理论上证明了该模型是凸规划后,提出用 Matlab 优化工具箱的fmincon 函数求解模型的思路和具体步骤,这种求解方法具有速度快且没有初解依赖性,能够得到全局最优解的优点。然后用一个算例证明模型和求解方法的有效性。

（2）研究不足

本文所构建的模型为静态的,而实际情况具有动态性,如需求量、供应量、运力条件以及差异系数是随着时间变化的,这时需研究各种参数的动态演化规律,这些需要作进一步的研究。

第七章　三级节点网络应急物资分配决策模型

第一节　网络构建及本章研究思路

一、三级节点网络构建

据课题组调研,我国各省、市、县特别是在自然灾害多发地区已经建立了比较健全的应急预案,并建立了各级应急物资储备中心。李阳等(2005)在参考国外救灾物流体系的基础上,参考现代企业物流运作经验,设计了适合我国国情的救灾物流体系,该体系通过在救灾系统中增设救援物资集散点和配送中心很好地将救援物资的物流、信息流集成到一起。本章在实践调研和文献研读的基础上,提出了拥有三级节点的应急物资分配网络,如图 7.1 所示。

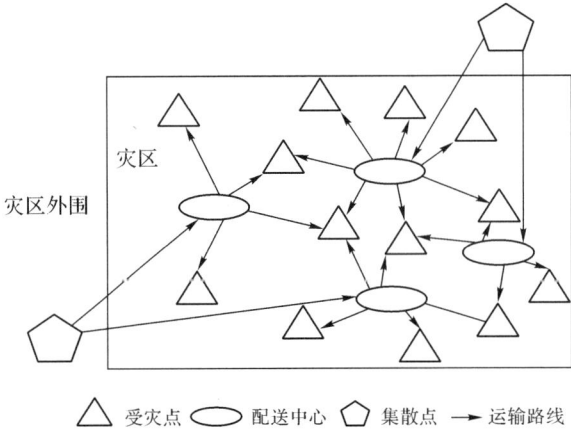

图 7.1　拥有三级节点的应急物资分配网络

(一)第一级节点的设置

救援物资集散点为第一级设施(第一级节点)。假设在自然灾害发生前已经根据预案或者前期救灾经验,在灾区外围位置重要、交通便利的地方建立了若干应急物资集散点,集散点可以由中央级或者省、市级救援物资储备中心来担当,灾害发生后,集散点负责将原有储备物资、社会团体和民众捐赠物资、紧急采购的各类物资集中起来,并进行分类、分级和包装处理,根据救灾指挥中心的指令向下一级节点输送物资,不直接向灾民发放物资。

(二)第二级节点的设置

应急配送中心为第二级设施(第二级节点)。假设在灾区的各县、乡镇确立了应急物资配送中心。配送中心在分配网络中是中转站,也不直接面向灾民分配物资,主要承担上一级节点输送的应急物资的短暂储存、再分类、再包装,并根据救灾指挥中心的指令向下级节点输送物资的任务。同时配送中心拥有救灾需求信息和供应信息的中枢功能,负责将灾区物资需求信息收集、汇总,上报给救灾指挥中心,方便指挥中心组织未受灾地区有针对性地提供救援物资的种类和数量,尽可能达到救援物资的供需平衡。

(三)第三级节点的设置

受灾点为第三级节点。受灾点可以是以具体的行政村、居民小区为单位,将村庄内或者小区内比较空旷的地方(如学校操场、打麦场、公园)作为应急物资发放点。第三级节点是应急物资的需求点,直接面向灾民。

由此,应急物资分配网络出集散点、应急配送中心和受灾点三级节点构成,而且彼此之间是多对多关系。

二、本章研究思路

在分析现有国内外相关学者的研究成果、实践调研和网络构建的基础上,本章研究思路如下:

(1)灾后最重要的事情是以最有效的方式来减少生命和财产损失,在救灾过程中成本目标往往成为次要目标,而如何在保证救灾及时的前提下,使应急物流系统的损失达到最小是应急物资分配的基本原则。

(2)在由于供给短缺或运力限制造成灾害无法全部扑灭(即不完全扑灭)的情形下,应考虑如何通过全局优化保证不同受灾点物资分配的相对公平性。

(3)救灾效果不仅取决于受灾点实际得到救助的应急物资的数量,还取决于其得到救助的时间,如果物资送达受灾点的时间超出了其配送极限时间,这样的配送是没有任何效果的,所以应急物资分配决策应考虑配送极限时间约束。

(4)研究模型的特点,选择更适用的优化算法。粒子群优化(PSO)算法是一种启发式全局搜索算法,这种算法具有原理清晰、容易理解、搜索速度快等优点,但是在全局搜索过程中各个粒子容易快速聚集在自身历史最佳位置,这样会形成粒子种群的快速趋同效应,容易出现陷入局部极值、早熟收敛或停滞现象。同时,PSO的性能也依赖于算法参数。为了克服上述不足,应提出针对具体模型的改进措施。

本章将沿着以上思路构建应急物资分配决策模型,并根据模型的特点提出PSO改进策略。

第二节 问题的描述及假设

一、问题的描述

问题描述为:

在上节构建的应急物资分配三级网络中,已知一级节点的节点数量和供给量、二级节点的节点数量和原有储备量、三级节点的节点数量和净需求量、节点之间的道路通行情况等参数,在满足供应量限制、各受灾点基本公平、物资配送极限时间等条件下,如何确定一套应急物资分配方案,即确定从一级节点到二级节点,从二级节点到三级节点的分配物资的数量,使总的应急物流系统损失为最少?

二、模型假设

本章作如下假设:

(1)为提高应急物资的救援效率,按照现代物流混合配送和共同配送的思想,应急物资集散中心和配送中心已经按照前期救援经验或者科学研究成果,将各种物资进行合理的商品组合化处理,如"一顶帐篷+三床棉被+两箱矿泉水+一箱方便面"是一个组合。

(2)在组织物资配送时,受灾点的物资净需求量(实际需求量-原有储备量)、集散点的物资可供应量(原有储备量+新接收的社会捐赠和企业订购)和配送中心原有的物资储备量,这些救援信息通过救灾物流信息系统的运作已经及时获得。

(3)由于应急物资分配决策目标和决策主体的特性,救援组织能够调度充足的军事、民用设备和车辆来实施配送,所以在所建集散点和应急配送中心的最大物资处理能力和车辆配置均能满足需求。

（4）如图7.1所示，三级节点之间只有单向运输，即救灾物资集散点向应急配送中心运送物资，应急配送中心向需求点配送，而且在各级节点内部不存在水平转运问题。

（5）应急物资运输方式有车辆运输、航空运输和人工搬运三种，根据应急物资分配决策目标，选择何种方式时只考虑响应时间，不考虑运输成本。

第三节　三级节点网络应急物资分配决策模型的构建

一、符号说明、参数和决策变量

符号说明、参数和决策变量表示：

$O = \{O_i \mid i = 1,2,\cdots,l\}$ 为集散点集合。

$P = \{P_j \mid j = 1,2,\cdots,m\}$ 为配送中心集合。

$Q = \{Q_k \mid k = 1,2,\cdots,n\}$ 为受灾点集合。

a_i 表示某时刻集散点 O_i 的物资总供应量。

b_j 表示某时刻配送中心 P_j 原有的储备量。

c_k 表示某时刻受灾点 Q_k 的净需求量。

ω_k 表示第 k 个物资需求点对物资的需求紧迫程度，可以根据受灾人口的特点（如受灾人口比例越高，老人和小孩占的比例越人，则物资需求越紧迫）、受灾情况（如受灾天数越多，房屋损害程度越大，则物资需求越紧迫）确定。

α 表示灾情指数，指受灾严重程度，可以使用灾害强度指数、破坏度、灾度、灾类等灾情等级指标来表达。

e 表示公平系数，即各受灾点最低保障率，此系数可以由物资总供给量与总需求量的比值来确定。

M 表示无穷大的正数。

T_k 表示受灾点 Q_k 的配送极限时间，根据需求点对物资的需求紧迫程度及当地政府宏观调控的相关指令确定。

v_1 表示车辆运输的平均行驶速度。

v_2 表示航空运输的平均速度。

v_3 表示人工搬运的平均速度。

t_a 表示车辆组织和启用以及装卸物资所耗费的平均时间。

t_f 表示班机组织和启用以及装卸物资所耗费的平均时间。

γ_{ij},γ_{jk} 分别表示第一级节点和第二级节点之间的道路破坏率和第二级节点和第三级节点之间的道路破坏率；这几个参数可通过卫星、航空等遥感影像数据和实际反馈的道路信息来确定。

t_r 表示修复单位距离的道路平均耗费的时间。

d_{ij},d_{jk} 分别表示第一级节点和第二级节点之间的距离以及第二级节点和第三级节点之间的距离，实际中可用 GIS 计算得到。

u_{ij} 为 0—1 变量，若集散点 O_i 分配物资给配送中心 P_j 则为 1，否则为 0。

v_{jk} 为 0—1 变量，若配送中心 P_j 分配物资给受灾点 Q_k 则为 1，否则为 0。

x_{ij} 表示集散点 O_i 向配送中心 P_j 分配物资的量。

y_{jk} 表示配送中心 P_j 向受灾点 Q_k 分配物资的量。

二、数学模型

应急物资运输和分配的数学模型为：

$$\min L = \sum_{k \in Q} \omega_k \left(c_k - \sum_{j \in P} y_{jk} \right)^\alpha, \alpha \geqslant 1 \tag{7.1}$$

s. t.

$$\sum_{j \in P} x_{ij} \leqslant a_i, i \in O \tag{7.2}$$

$$\sum_{k \in Q} y_{jk} \leqslant b_j + \sum_{i \in O} x_{ij}, j \in P \tag{7.3}$$

$$\sum_{j \in P} y_{jk} \leqslant c_k, k \in Q \tag{7.4}$$

$$\sum_{j \in P} y_{jk} \geqslant ec_k, k \in Q \tag{7.5}$$

$$x_{ij} \leqslant M u_{ij}, i \in O, j \in P \tag{7.6}$$

$$y_{jk} \leqslant M v_{jk}, j \in P, k \in Q \tag{7.7}$$

$$\min\left\{ \frac{d_{ij}}{v_1} + t_r \gamma_{ij} d_{ij} + t_a, \frac{d_{ij}}{v_2} + t_f, \frac{d_{ij}}{v_3} \right\}$$
$$\leqslant \max\{ T_k, k \in Q \} + M(1 - u_{ij}), i \in O, j \in P \tag{7.8}$$

$$\min\left\{ \frac{d_{ij}}{v_1} + t_r \gamma_{ij} d_{ij} + t_a, \frac{d_{ij}}{v_2} + t_f, \frac{d_{ij}}{v_3} \Big| u_{ij} = 1, i \in O \right\}$$
$$+ \min\left\{ \frac{d_{jk}}{v_1} + t_r \gamma_{jk} d_{jk} + t_a, \frac{d_{jk}}{v_2} + t_f, \frac{d_{jk}}{v_3} \right\} \leqslant T_k + M(1 - v_{jk}), j \in P, k \in Q$$
$$\tag{7.9}$$

$$u_{ij}, v_{jk} \in \{0, 1\}, i \in O, j \in P, k \in Q \tag{7.10}$$

$$x_{ij}, y_{jk} \geqslant 0 \text{ 且为整数}, i \in O, j \in P, k \in Q \tag{7.11}$$

数学模型的目标函数：用式(7.1)表示，该目标函数表示救灾系统总的损失为最少，损失与受灾点对应急物资的需求紧迫程度、受灾点灾情指数及受灾点的未满足量有关,本章中假设受灾人员损失对未满足需求量的函数为幂函数。

　　数学模型的约束条件:式(7.2)表示从集散点运到各配送中心的量不超过其总供应量;式(7.3)表示从配送中心运到各受灾点的量不超过其原有的储备量与从各集散点调拨的总量之和;式(7.4)为各受灾点的需求量约束;式(7.5)为各受灾点的公平约束;式(7.6)和式(7.7)表示只有0—1变量取1时,相应的运输量才可能取正;式(7.8)表示只有 O_i 到 P_j 的运输总时间小于与 P_j 相通的各受灾点的最大配送极限时间时,才能在 O_i 和 P_j 之间实施配送;式(7.9)表示只有从各集散点到救援点 P_j 再到受灾点 Q_k 的运输总时间小于该受灾点的配送极限时间时,才能在 P_j 和 Q_k 之间实施配送;式(7.10)表示0—1决策变量约束;式(7.11)为非负约束。

第四节　改进粒子群优化算法

一、模型特点与粒子群优化算法

　　该模型是整数非线性规划(INLP)模型,同时具有两个子问题[即整数规划(IP)问题和非线性规划(NLP)问题]的困难之处,具有极大的挑战性。解决INLP问题的传统方法主要有以下三种:分支定界法(B&B)、广义 Benders 分解法(GBD)和外逼近法(OA)。但是这些方法存在很大的局限。目前演化计算方法广泛用于解决约束优化问题,且被证明很有效。粒子群优化算法(PSO)是演化计算方法中的一种,目前已广泛应用于函数优化、神经网络训练、模糊系统控制以及其他遗传算法的应用领域。其算法流程如图7.2所示。

　　图中的几个参数所表示的意思为:

n 为当前迭代次数;

i 为粒子的序号;

d 为粒子的维度序号;

$v_{id}(t)$ 为 t 时刻粒子 i 第 D 维的运动速度;

$x_{id}(t)$ 为 t 时刻粒子 i 第 D 维的运动位置;

c_1,c_2 分别表示学习因子;

r_1,r_2 分别表示为 $[0,1]$ 内的均匀随机数。

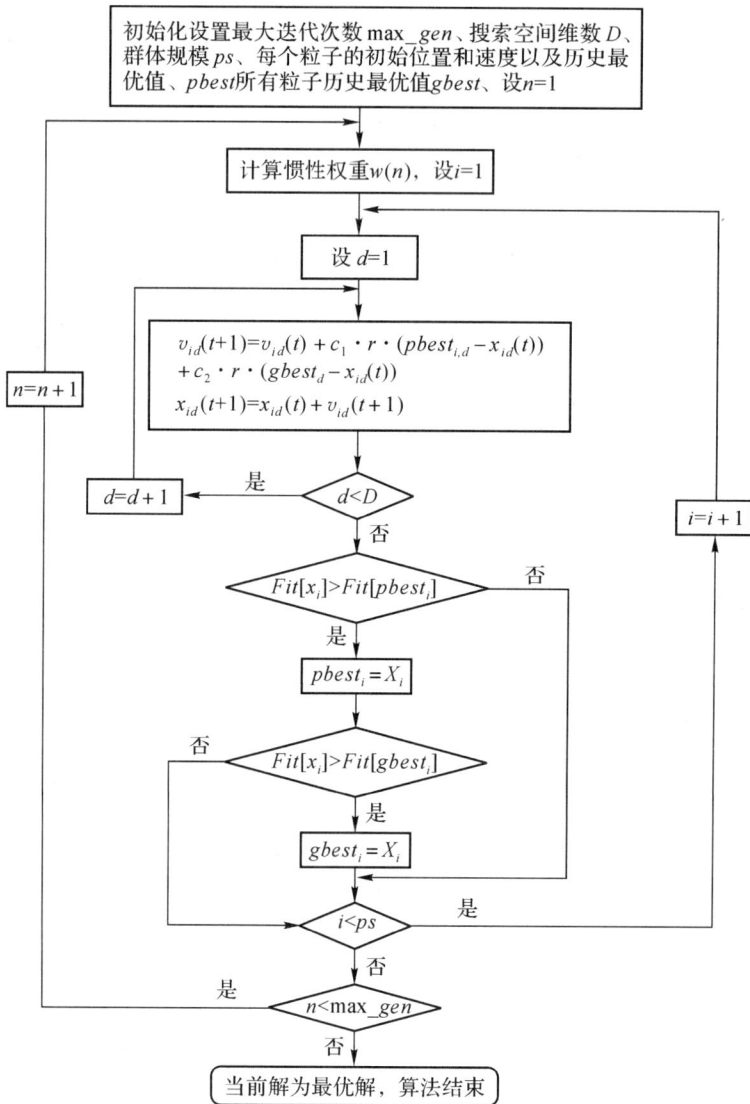

图 7.2　基本 PSO 算法流程

二、改进粒子群算法设计

(一)模型先处理

在使用粒子群算法之前,对模型先进行处理:

①因为粒子群的优化目标是目标函数最大化,所以需要对式(7.1)加一个负号,并求其最大值,即 $\max(-L)$;

②对式(7.6)到式(7.9),编写程序确定 0—1 变量取值;

③对其他约束条件,利用罚函数法来处理,则目标函数转化为式(7.12)。

$$\max(-L - M(\max(\sum_{j \in P} x_{ij} - a_i (i \in O), 0)$$
$$+ \max(\sum_{k \in Q} y_{jk} - b_j - \sum_{i \in O} x_{ij} (j \in P), 0) + \cdots)) \tag{7.12}$$

通过以上处理,则该模型适用于粒子群算法求解,其中每个粒子的适应值按照式(7.12)得出。

(二)改进策略设计

基本 PSO 算法中的粒子容易形成粒子种群的快速趋同效应,出现陷入局部极值、早熟收敛或停滞现象。同时,PSO 的性能也依赖于算法参数。为了克服上述不足,本章借鉴 Liang 等(2006)、Shi 等(1998,1999)提出的方法,对粒子群优化算法进行了改进,使新算法在解决 INLP 问题时效率更高、结果更优。

在设计粒子群算法时,为了使每个粒子都能够找到有利于快速收敛到全局最优解的学习对象,我们采取既可以进行 D 维空间搜索,又能在不同维度上选择不同学习对象的新的学习策略,即为全面学习 PSO。

(三)改进算法步骤

这种算法具体步骤如下。

Step1 微粒初始化:初始化 N 个微粒个体,即随机在问题定义域中产生每个粒子的初始位置和速度,计算每一个微粒的适应值。

Step2 停机判断:进行停机条件判断,如果停机条件满足,则停止运行并输出结果;否则,继续。

Step3 速度更新:微粒群中的微粒 i 在第 D 维度的速度按照式(7.13)进行更新。

$$v_{id}(t+1) = w(n)v_{id}(t) + c_1 \cdot r \cdot (pbest_{f_i^d, d} - x_{id}(t))$$
$$+ c_2 \cdot r \cdot (gbest_d - x_{id}(t)) \tag{7.13}$$

式(7.13)中的参数解释:

① w 为惯性常数,Shi 等(1999)建议随着更新代数从 0.9 递减至 0.4,则 $w(n) = 0.9 - \dfrac{0.5n}{\max\_gen}$,(其中 n 为当前迭代数,$\max\_gen$ 为最大迭代数);

② c_1, c_2 为学习因子,通常取 1.49445;

③ r 为$[0,1]$内的均匀随机数;

④ f_i^d 表示粒子 i 在第 D 维度的学习对象,它通过下面的策略决定:先按照下式确定每个粒子的学习概率 $Pc_i = 0.05 + 0.45 \times \dfrac{(\exp(\frac{10(i-1)}{ps-1}) - 1)}{(\exp(10) - 1)}$,其中 ps 为种群规模;产生$[0,1]$内的均匀随机数,如果该随机数大于粒子 i 的学习

概率,则学习对象为自身历史最佳位置;否则,从种群内随机选取两个个体,按锦标赛选择策略选出两者中最好的历史最佳位置作为学习对象。

Step4 位置更新:微粒群中微粒 i 在第 D 维度的位置更新方式如式(7.14)所示。

$$x_{id}(t+1) = x_{id}(t) + v_{id}(t+1) \tag{7.14}$$

Step5 适应值评价:评价适应值,转 Step2。

这种改进粒子群算法的算法流程如图 7.3 所示。

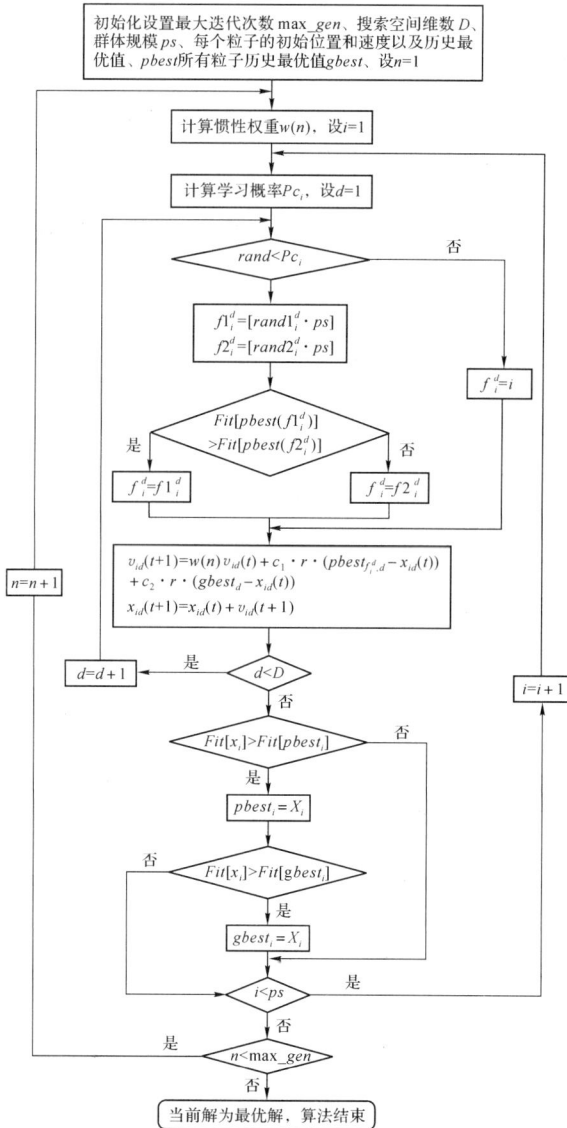

图 7.3 改进 PSO 算法流程

图中参数 $n,i,d,v_{id}(t),x_{id}(t),c_1,c_2,r_1,r_2$ 所表示的意思与前文相同。

从以上步骤和流程图可以看出，在学习策略方面，改进 PSO 算法与传统 PSO 算法有很大的不同。在传统 PSO 中，每个粒子只向自身的历史最佳位置学习；而在改进 PSO 中，每个粒子在每一维度根据这种锦标赛选择策略都有机会选择学习对象，这样使粒子的搜索空间更大，搜索速度更快，从而有利于更快、更好地找到全局最优解。

第五节　数值算例

一、参数设置

设某地震灾区有五个受灾点，由于受灾点离震中的距离、地质结构、建筑结构、人口分布、天气情况都有差异，所以受灾程度和受灾人口也不一样。在某时刻，各受灾点对救援物资的净需求量 c 分别为 $1000,2000,2500,1500,3000$ 个商品组合，设各受灾点对应急物资的需求紧迫程度 ω 分别为 $1.0,1.3,1.1,1.2,1.5$。有三个配送中心，并且原有储备量 b 分别为 $200,500,300$ 个商品组合。有两个物资集散点，其供应量分别为 3300 和 3500 个单位。从现有信息看，救灾系统总共提供 7800 个单位，而总需求为 10000，总的满足率为 0.78，由此我们可以设公平系数 e 为 0.7。

设备受灾点的需求极限时间 T 分别为 $20h,30h,25h,28h,31h$，修复单位距离平均耗费的时间为 $3h/km$，各种运输方式的速度 v_1,v_2,v_3 分别为 $50km/h$，$200km/h,5km/h$，车辆和班机组织启用以及装卸物资所耗费的平均时间 t_a,t_f 分别为 $2h$ 和 $10h$，各节点之间的运输距离如表 7.1 和表 7.2 所示。

表 7.1　各集散点到各配送中心的运输距离 d_{ij}　　　　（单位：km）

d_{ij}	P_1	P_2	P_3
O_1	100	120	70
O_2	90	150	50

表 7.2　各配送中心到各受灾点的运输距离 d_{jk}　　　　（单位：km）

d_{jk}	Q_1	Q_2	Q_3	Q_4	Q_5
P_1	110	70	130	90	80
P_2	30	60	120	70	50
P_3	30	70	110	60	40

各节点之间的道路破坏率如表 7.3 和表 7.4 所示。

表 7.3　各集散点到各配送中心的道路破坏率 γ_{ij}

γ_{ij}	P_1	P_2	P_3
O_1	0.05	0.3	0.01
O_2	0.04	0.01	0.4

表 7.4　各配送中心到各受灾点的道路破坏率 γ_{jk}

γ_{jk}	Q_1	Q_2	Q_3	Q_4	Q_5
P_1	0.05	0.02	0.4	0.5	0.1
P_2	0.3	0.03	0.4	0.05	0.08
P_3	0.1	0.5	0.01	0.6	0.1

二、模型求解

当 $\alpha = 2$ 时，在 Windows XP 环境下，利用 Matlab 7.9，按照改进粒子群算法编程，设最大迭代次数为 1000、粒子群规模为 40，运行程序 20 次求解得目标函数值的均值为 1267324，分布情况如图 7.4 所示，可以看出用该算法每次求得的解比较接近于平均值，具有较强的稳定性。

取一组接近平均值的最优解，得最优分配方案，如表 7.5 和表 7.6 所示。

表 7.5　从各集散点配送应急物资到各配送中心的量 x_{ij}

x_{ij}	P_1	P_2	P_3
O_1	298	0	2999
O_2	277	3219	0
合计	475	3219	2999

表 7.6 从各配送中心分配应急物资到各受灾点的量 y_{jk}

y_{jk}	Q_1	Q_2	Q_3	Q_4	Q_5
P_1	0	737	0	0	0
P_2	0	689	0	1050	1967
P_3	712	0	1888	0	698
合计	712	1426	1888	1050	2665

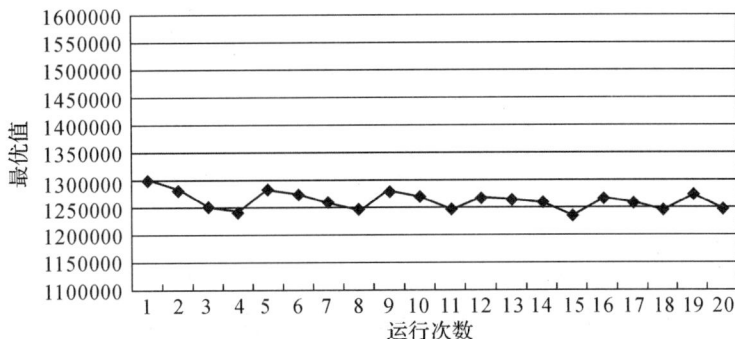

图 7.4 改进 PSO 目标函数最优值的分布

计算各受灾点的满足率 η,分别为:0.71,0.71,0.76,0.70,0.89。

从计算结果看,在灾情不能全部扑灭的情况下,各受灾点的满足率都在公平系数 0.7 之上,且在五个受灾点中第五个受灾点的满足率最高(其对物资的需求紧迫程度也越大),说明本章提出的三级网络分配模型在确保系统损失最小的基础上也能够保证各受灾点的相对公平,即使应急物资分配达到效率与公平的统一。

三、算法性能分析

为了进一步研究改进 PSO 算法的优化性能,把改进 PSO、基本 PSO 和遗传算法在不同的迭代次数下各运行 20 次,从以下两个方面进行性能比较:

(一)收敛曲线比较

图 7.5 给出了改进 PSO、基本 PSO 和遗传算法的最优解的目标函数值的平均值的收敛曲线,可以明显看出,改进 PSO 算法的收敛速度最快,而且迭代次数在 600 次以上时,计算数值基本保持在 1270000 附近,结果相当稳定;而相对来说,另外两种算法的解的分布不够稳定。

(二)均值和标准差比较

表 7.7 给出了最优解的均值和标准差这两项评价指标,从仿真结果看,改

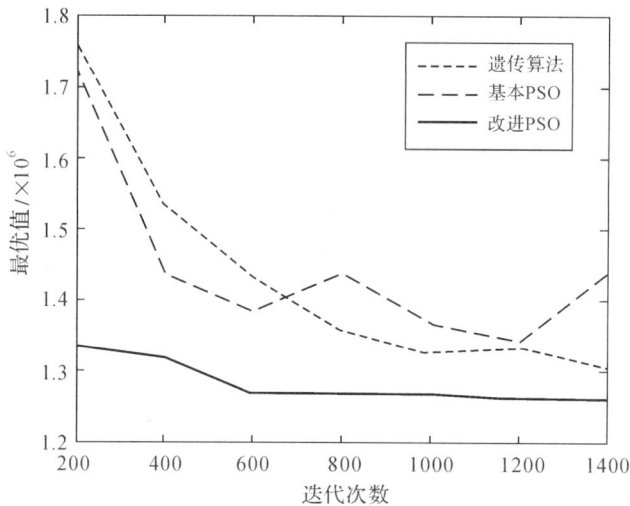

图 7.5　改进 PSO 与其他算法收敛曲线比较

进 PSO 的均值在三种算法的计算结果中最小，且标准差也最小，即两项指标值最理想。

表 7.7　改进 PSO 与其他算法优化性能比较

迭代次数	200		400		600		800		1000	
比较指标	均值	标准差	均值	标准差	均值	标准差	均值	标准差	均值	标准差
遗传算法	1757380	293456	1534278	154632	1432186	81654	1356283	22456	1321456	24043
基本 PSO	1637160	284220	1362336	174269	1285476	43862	1273246	28872	1283841	25081
改进 PSO	1333590	53952	1319516	41661	1268212	35036	1258169	14712	1267324	22037

综合这两点得出，通过让每个粒子在不同维度上确立不同的学习对象，大大提高了粒子群算法的搜索能力，无论是收敛的速度、稳定性还是最优解的精度，改进 PSO 都明显优于基本 PSO 算法和遗传算法。

第六节　本章小结

本章主要研究了具有三级节点的分配网络下的应急物资分配决策问题。

首先，根据应急管理实践和相关文献构建了具有应急物资集散点、应急物资配送中心和受灾点的三级节点的分配网络。

其次，在总体思路下，提出相关假设，构建了以受灾点系统损失最小为目标,考虑公平约束和应急响应时间约束的应急物资分配决策模型,该模型的决策变量分别解决从第一级节点到第二级节点、从第二级节点到第三级节点要不要实施运输及运输量是多少的多决策问题,模型中构造的系统损失函数考虑了各种应急物资的重要性和各受灾点对物资的需求紧迫性,以及受灾程度。

最后,针对混合整数非线性规划模型的特点提出了 PSO 算法的改进策略,即采取能在不同维度上选择不同学习对象的全面学习策略,利用惯性常数控制群体"爆炸"现象等措施。并用数值算例表明 PSO 改进算法比其他算法有较好的有效性和稳定性。

第八章 应急物资分配决策方案公平测度模型

按照第三章中所设计的应急物资分配决策的决策过程,对分配决策方案的评价是应急物资分配决策中一个重要的环节,直接影响到决策的效果和决策目标的实现,本章将对方案评价原则及公平测度模型深入研究。

第一节 方案评价原则分析

对任何分配方案进行评价之前,都需要先确定评价原则,因为评价原则不同,评价结果往往也会不同,有时甚至会相反。如第三章所述,应急物资分配决策在决策主体、决策客体、决策目标等方面均不同于常规物资分配决策,因此对分配方案的评价原则也会不同。

分配方案的评价指标有很多,但是归纳起来可以分为两种,即效率指标和公平指标。效率指标,如分配范围的覆盖率、分配效果的满足度、实施分配所需的成本、获得的收益等。而公平指标,如分配公平度和不公平度。各种效率指标和公平指标共同组成了分配方案评价体系。

效率和公平的关系一直是理论界和管理实践者所争论的话题。在我国改革开放之初,为迅速打破因吃"大锅饭"的平均主义分配原则而导致的效率低下的局面,提出了"效率优先,兼顾公平"的分配原则。为了满足我国社会主义经济和社会发展的需要,这个分配原则也在不断地调整。公平原则逐渐受到我国政府的重视,党的十七大文件中第一次明确指出"实现社会公平正义是中国共产党的一贯主张,是发展中国特色社会主义的重大任务"。并强调"初次分配和再分配都要处理好效率和公平的关系,再分配更加注重公平",这种主张与"效率优先、兼顾公平"具有显著区别。而在党的十八大报告中,"公平"又被提及 20多次,其中关于"权利公平、机会公平、规则公平"的三个公平的表述,尤其受到各界关注,"三个公平"的提出体现了我国要逐步建立社会公平保障体系、努力营造公平的社会环境的决心。

对于常规物资分配方案的评价,一般以效率型指标,如成本、效益等为主。而对于具有公共资源属性的应急物资的分配,效率型指标还远远不够,更应该关注公平性指标。正如培根在《论司法》中所说的:"一次不公的裁判比多次不平的举动为祸尤烈。因为这些不平的举动不过弄脏了水流,而不公的裁判则把水源败坏了。"又如孙燕娜等(2010)认为,对救助效果的评价不能以投入产出的经济原则为标准,而是要以道义文明的伦理原则为标准,强调的是灾民需求的满足程度。所以,对于以政府组织为分配主体的应急物资分配决策方案评价时,不仅要确立效率评价原则,更应该强调公平评价原则。

对于效率评价,本书在第五章、第六章和第七章决策方案选择时均是以效率型指标为决策目标,如应急响应时间最短、分配系统损失最少。因此,本章主要针对决策方案的公平评价实施研究。

第二节　公平及应急物资公平分配的含义

在决策制定中,公平(equity)在学术界一直是一个备受关注的论题,特别是在社会科学研究领域。从20世纪50年代起,社会心理学家就开始研究公平性理论。此后,在多个学科领域,如社会学、心理学、法学、公共关系学等领域,众多学者都对公平性理论进行了研究,并取得了丰富的成果。但是至今没有一个统一的概念。

如英国的韦氏大词典,把公平定义为"fairness, impartiality, justice",这个定义虽然简单明了,但是好像是用公平解释公平,要把公平的含义陷于无休止的争议中去;又如《现代汉语词典》,把公平定义为"处理事情合情合理,不偏袒哪一方面";再如,百度百科将其定义为"公正,不偏不倚。一般是指所有的参与者(人或者团体)的各项属性(包括投入、获得等)平均。公为公正、合理,能获得广泛的支持;平指平等、平均"。公平的定义之所以难以统一,是因为公平在不同的研究领域,可以从不同的层面进行定义。

在经济管理领域,对公平的解释应从社会经济活动的特性来分析,如《新帕尔格雷夫经济学大辞典》对公平的解释是:"如果在一种分配中,没有任何一个人羡慕另外一个人,那么这种分配就称之为公平分配。"从这个定义可以看出,分配公平并不是指绝对的平均,而更关注分配对象在分配后获得的效用和主观意义上的满足感。

Marsh(1994)在研究公共设施的公平分配时认为,当每个群体在设施选址决策后认为获得了它应得的份额时,会感觉分配是公平的。

张小宁等(2010)在研究交通管理政策,实施道路拥挤收费制度后对不同出行者的公平性分析时认为,如果不同出行者在收费制度下都获得一定的收益①,那么这种制度是公平的。

美国学者 Clemmer(1993)在对快餐店、高级餐馆、医院、银行四类服务性企业研究后提出服务公平性的概念,她认为服务公平性应该包括结果公平性、程序公平性和交往公平性三个组成成分,即顾客认为企业为自己提供的服务结果是否公平、影响决策结果的决策程序是否公平、企业在服务过程中对顾客的态度和行为是否公平。

综上,本书对应急物资分配的公平性作一个解释:"在应急物资分配决策制定过程中,分配决策者是否考虑每个受灾点的实际需求、物资需求紧迫性等因素,分配结果是否令每个受灾点感觉受到公平的对待。"

这个解释强调,应急物资分配的公平性不是指每个受灾点的绝对公平,而应考虑每个受灾点的实现需求情况及分配后的感觉。

第三节　应急物资分配公平测度模型

在上节分析内容的基础上,本节研究应急物资分配方案的公平测度模型,定义公平指标,并研究它的性质,最后应用于对第七章的数值算例的分配决策的评价中。

一、问题描述

为了使全书前后统一,本章沿用第五章、第六章、第七章所用的符号。

设某灾害事件发生后,有 n 个受灾点需要某种应急物资,每个受灾点 P_j 的物资净需求量为 b_j,对物资的需求紧迫程度为 ω_j。由于在事件发生时,救援地的总供应量不能全部满足所有需求,因此会使分配到某些受灾点的总分配量 x_j 小于或者等于需求量 b_j,即 $x_j \leqslant b_j$,现在要对分配方案 $X = \{x_j | j = 1,2,\cdots,n\}$ 作公平性评价。

二、公平测度模型

由第二章综述可知,在常用公平指标中,方差和变异系数等指标虽然计算

① 这里的收益主要表现为收费后出行者出行方式、路径选择和出行费用的变化。

简单且容易理解,但是性能有缺陷;而基尼系数和泰尔系数刚好相反,性能较好,但是计算复杂。针对这个问题,Jain 等(1984)提出了一个资源分配方案的定量公平评价指标,该指标吸取了以上指标的优点,不仅计算简单、容易理解,而且性能良好。但是该文献中提出的指标只适合简单的资源分配,没有考虑有限制性条件的情况,如每个用户会有不同的需求量,不同的用户对资源的需求紧迫性也会不同。在这些限制性条件下,该指标就不能直接用于评价资源分配的公平性。而本书提出的对应急物资分配方案的公平评价问题,恰恰具有这些条件,因此本书在该文献的基础上,研究如何重新设计测度指标模型,以使该指标适合研究本书提出的问题。

(一)计算当量需求量

由于每个受灾点对应急物资的需求紧迫性不同,所以需要对每个受灾点的需求量作一个换算,即计算当量需求量。

定义 1:受灾点对应急物资的当量需求量为该受灾点的实际需求量与需求紧迫程度的乘积。

设当量需求量为 r_j ,则由定义 1,得式(8.1):

$$r_j = b_j \cdot \omega_j \tag{8.1}$$

(二)计算公平分配份额

由上节对应急物资分配的公平性定义可知,当每个受灾点都获得了公平份额时,会认为分配方案是公平的,因此要计算公平分配份额。

定义 2:受灾点的公平分配份额是该受灾点的当量需求量在所有受灾点的总当量需求量中所占的比重。

设公平分配份额为 $p_{fair,j}$,则由定义 2,得式(8.2):

$$p_{fair,j} = \frac{r_j}{\sum_{k=1}^{n} r_k} \tag{8.2}$$

(三)计算当量分配量和实际分配份额

与定义 1 和定义 2 类似,可以得到当量分配量和实际分配份额的定义和计算公式。

定义 3:受灾点获得应急物资的当量分配量为该受灾点的实际分配量与需求紧迫程度的乘积。

设当量分配量为 r'_j ,则由定义 3,得式(8.3):

$$r'_j = x_j \cdot \omega_j \tag{8.3}$$

定义 4:受灾点的实际分配份额是该受灾点的当量分配量在所有受灾点的总当量分配量中所占的比重。

设实际分配份额为 p_j，则由定义4，得式(8.4)：

$$p_j = \frac{r'_j}{\sum_{k=1}^{n} r'_j} \tag{8.4}$$

(四)计算独立公平系数

把每个受灾点的实际分配份额与公平分配份额进行比较，可以得到每个受灾点的独立公平系数 ϕ_j，见定义5。

定义5：如果某受灾点的实际分配份额大于等于公平分配份额，那么分配方案对该受灾点实施了公平分配，则独立公平系数为1；否则，是不公平的，独立公平系数为二者的比值。

由定义5，可知独立公平系数的计算公式为式(8.5)：

$$\phi_j = \begin{cases} 1, & p_j \geqslant p_{fair,j} \\ \dfrac{p_j}{p_{fair,j}}, & \text{其他} \end{cases} \tag{8.5}$$

从式(8.5)知，独立公平系数具有如下性质：

性质1：当受灾点没有获得任何应急物资时，独立公平系数为0。

证明：略。

性质2：在灾情不能完全扑灭的情况下，如果某受灾点的分配量等于需求量，其实际分配份额一定大于公平份额，则独立公平系数为1。

证明：当 $\sum_{j=1}^{n} x_j \leqslant \sum_{j=2}^{n} b_j$ 时，在科学的分配政策下，每个受灾点的分配量肯定会小于等于其需求量，即 $x_j \leqslant b_j$，则 $\sum_{j=1}^{n} x_j \omega_j \leqslant \sum_{j=1}^{n} b_j \omega_j$。

所以 $p_j - p_{fair,j} = \dfrac{x_j \omega_j}{\sum\limits_{j=1}^{n} x_j \omega_j} - \dfrac{b_j \omega_j}{\sum\limits_{j=1}^{n} b_j \omega_j} \geqslant \dfrac{(x_j - b_j)\omega_j}{\sum\limits_{j=1}^{n} b_j \omega_j}$

而当 $x_j = b_j$ 时，得 $p_j - p_{fair,j} \geqslant 0$，即 $p_j \geqslant p_{fair,j}$，则 $\phi_j = 1$。

性质3：独立公平系数的取值范围为 $[0,1]$。

证明：略。

(五)计算系统公平系数

在得到每个受灾点的独立公平系数后，就可计算整个分配方案的系统公平系数。这时参考 Jain 等(1984)提出的计算方法，设系统公平系数为 $f(\phi_j)$，则其计算公式为式(8.6)：

$$f(\phi_j) = \frac{\left[\sum_{j=1}^{n}\phi_j\right]^2}{n\sum_{j=1}^{n}\phi_j^2} \tag{8.6}$$

由上式可以推出,系统公平系数具有以下几个性质:

性质 4:系统公平系数的值与物资的计量单位无关,具有标度不变性,且与受灾点的数量无关。

证明:略。

性质 5:当每个受灾点的独立公平系数相同时,系统公平系数为 1。

证明:设 $\phi_1 = \phi_1 = \cdots = \phi_n = \phi$,则 $f(\phi_j) = \dfrac{[n\phi]^2}{n \cdot n\phi^2} = 1$,得证。

性质 6:系统公平系数的取值范围是 $[0,1]$。

证明:

$$\sum_{j=1}^{n}(\phi_j - \bar{\phi})^2 = \sum_{j=1}^{n}(\phi_j^2 - 2\phi_j\bar{\phi} + \bar{\phi}^2) = \sum_{j=1}^{n}\phi_j^2 - 2\bar{\phi}\sum_{j=1}^{n}\phi_j + n\bar{\phi}^2$$

$$= \sum_{j=1}^{n}\phi_j^2 - 2\frac{(\sum_{j=1}^{n}\phi_j)^2}{n} + n\left[\frac{\sum_{j=1}^{n}\phi_j}{n}\right]^2 = \sum_{j=1}^{n}\phi_j^2 - \frac{(\sum_{j=1}^{n}\phi_j)^2}{n}$$

因为 $\sum_{j=1}^{n}(\phi_j - \bar{\phi})^2 \geqslant 0$,则 $\sum_{j=1}^{n}\phi_j^2 - \dfrac{(\sum_{j=1}^{n}\phi_j)^2}{n} \geqslant 0$,即 $n\sum_{j=1}^{n}\phi_j^2 \geqslant (\sum_{j=1}^{n}\phi_j)^2$,

可以得到 $f(\phi_j) = \dfrac{\left[\sum_{j=1}^{n}\phi_j\right]^2}{n\sum_{j=1}^{n}\phi_j^2} \leqslant 1$,所以可以证明 $f(\phi_j)$ 的取值范围是 $[0,1]$。

由以上对系统公平系数的性质的讨论,可以得知该系数具有优良的性质。当分配方案的公平性提高时,该系数也会增加,并且用该系数度量应急物资分配方案的公平性具有计算简单、结果容易理解等优点,因此很适合解决本书提出的对应急物资分配方案的公平评价问题。

三、模型应用

现用以上提出的算法模型来对第七章的数值算例中得到的应急物资分配方案的公平性进行评价。

在第七章的数值算例中,设某地震灾害发生时,有五个受灾点需要救援,它们对物资的需求量分别为 1000,2000,2500,1500,3000 个商品组合,总需求量为 10000,设定各受灾点对应急物资的需求程度 ω 分别为 1.0,1.3,1.1,1.2,

1.5。而物资救援点的总供应量为7800，因此在这种供给条件下，五个受灾点的需求不能完全得到满足，即灾情不能全部扑灭。第七章针对此问题建立了以系统损失最小为目标，拥有供给约束、需求约束、公平约束、配送极限时间约束、非负约束的整数非线性规划模型，并用设计的改进粒子群算法对所建模型进行了求解，现用本章提出的算法模型对最优分配方案进行公平性评价，评价结果如表8.1所示。

表8.1　具有公平约束的模型求解分配方案公平性评价

受灾点	需求量	需求紧迫度	分配量	当量需求量	公平份额	当量分配量	分配份额	独立公平系数
1	1000	1.0	720	1000	0.079	720	0.072	0.9114
2	2000	1.3	1430	2600	0.206	1859	0.186	0.9020
3	2500	1.1	1910	2750	0.217	2101	0.211	0.9724
4	1500	1.2	1060	1800	0.142	1272	0.128	0.9014
5	3000	1.5	2680	4500	0.356	4020	0.403	1

从表8.1可以看出，对具有公平约束的模型得出的分配方案的独立公平系数的分布比较集中，全部都在0.9至1之间，再按照式(8.6)求得系统公平系数为0.9981。这个值是相当高的，说明此分配方案的公平性比较好。

为了方便对方案评价结果进行比较，现对算例中的模型去掉公平约束，仍用改进粒子群算法求解，得到新的分配方案，并对此方案进行评价，评价结果如表8.2所示。

表8.2　不具有公平约束的模型求解分配方案公平性评价

受灾点	需求量	需求紧迫度	分配量	当量需求量	公平份额	当量分配量	分配份额	独立公平系数
1	1000	1.0	712	1000	0.079	712	0.071	0.8987
2	2000	1.3	1805	2600	0.206	2347	0.233	1
3	2500	1.1	1647	2750	0.217	1812	0.180	0.8295
4	1500	1.2	862	1800	0.142	1034	0.103	0.7254
5	3000	1.5	2774	4500	0.356	4161	0.413	1

从表8.2可以看出，对不具有公平约束的模型得出的分配方案的独立公平系数相对表8.1得出的结果来说，分布比较分散，数值在0.7至1之间，再按照式(8.6)求系统公平系数为0.9863。与上一方案的结果相比，这个值明显降低。

因此,从这两个分配方案的公平性评价结果来看,在第七章中提出的具有公平约束的模型更适合于具有公平分配需求的应急物资分配的需要。

第四节　本章小结

本章主要研究了应急物资分配方案的评价问题,研究内容如下:

首先,分析了对应急物资分配方案进行评价时应该遵循的原则,讨论了公平与效率之间的关系,特别指出对于决策主体和决策目标不同于常规物资分配决策的应急物资分配方案更应该强调公平评价。

其次,深入分析了公平及公平分配的含义,在总结相关学者的研究成果基础上,提出应急物资公平分配的内涵。

最后,针对具有需求量要求及对物资需求紧迫程度不同的应急物资分配方案的公平评价设计测度模型,分析公平指标的定义和性质,并应用于前文的数值算例的方案评价。

第九章　应急物资分配决策对城市
安全防灾规划的影响

应急物资分配决策是各种突发性灾害事件发生之后的应对方法,根本目的是减少灾害产生的损失。根据灾害经济学原理,灾前的科学防范能以更低的成本起到更好的减少损失的效果,因此在制定各种防灾规划时如果能把应急物资分配决策中遇到的问题提前予以考虑,就能起到减少应急物资分配难度,提高应急救援效果。也就是说,将对应急物资分配决策的分配效率有影响的因素考虑到防灾规划当中,可以更有效地防范和减少灾害损失。

相对而言,由于城市的重要性,突发性灾害事件对城市的影响效果往往被非线性扩大,城市规划应关注和重视安全防灾规划。本章将以东日本大地震的应急救援为案例,分析城市安全中应急物资分配的深刻教训和成功经验,可对我国各大城市在制定安全防灾规划时有十分重要的启示和借鉴作用。我国要充分重视城市安全防灾规划中的应急物资分配问题,加强城市应急物资的储备与管理,做好应急物资储备库、防灾绿地的选址和建设工作。

第一节　城市安全防灾规划

一、城市安全防灾规划概述

现代城市是一个政治、经济、文化、社会、地域的多功能综合体,它是一个区域、一个国家的中心,甚至是世界性的中心。它作为一个有机整体,发挥出强大的集聚经济效益和辐射扩散效应。伴随着中国在世界经济发展中的中心地位的确立,一些大都市和城市群在世界城市舞台上迅速崛起,我国已经形成长江三角洲、珠江三角洲、环渤海地区三大城市群,发挥中心作用。城市具有人口集中、产业集中、财富集中、建筑物与构筑物集中和各种灾害集中的特点,一旦发生城市灾害及重大公共危害事件,影响效果往往被非线性放大。城市安全规划不当不仅会危及本市市民生命财产安全,带来较其他地区更为严重的后果,还往往波及农村和其他城市,甚至影响社会全局。

纵观中外城市发展历史,安全保障一直是城市建设的首位要求。近 20 年来,城市安全备受关注,1996 年联合国国际减灾十年秘书处确定当年的"国际减灾日"的主题为"城市化与灾害",1998 年 10 月 5 日联合国又举办了以"更安全的城市"为主题的"世界人居日"活动。2001 年美国"9·11"事件后,城市安全研究进一步得到国际城市规划研究的重视。2003 年"SARS"病毒在多个大城市传播后,我国兴起了城市安全研究的热潮,中国城市规划学会筹建了"城市安全与防灾规划学术委员会"。《中华人民共和国城市规划法》第十五条明确指出:"编制城市规划应当符合城市防火、防爆、抗震、防洪、防泥石流和治安、交通管理、人民防空建设等要求,在可能发生强烈地震和严重洪水灾害的地区,必须在规划中采取相应的抗震、防洪措施。"因此,城市在制定发展规划的同时必须制定安全规划。

根据防御对象的不同,可以把城市安全规划分为城市安全防卫和城市安全防灾,前者主要考虑由于人为因素而造成城市不安全的因素,包括战争空袭、恐怖袭击和人身攻击与财物盗抢等治安性犯罪,而后者主要针对的对象是自然灾害,以及非人为故意造成的技术灾害。本章主要研究后者。

二、城市安全防灾规划研究现状

(一)美国城市安全防灾规划研究现状

美国在城市安全防灾规划方面研究起步较早,已经形成了比较完整的构架,主要包括两个内容:

一是综合减灾规划,美国联邦紧急事务管理局(FEMA)对减灾规划做了明确的定义,认为减灾规划是关于州或者地方政府评价自然灾害的威胁而制定的用以减轻威胁的战略性文件。除了制订全国防灾计划外,还制订了社区版的"可持续减灾计划"(Sustainable Hazards Mitigation Plan),其内容涉及土地利用规划、示警系统设置、建筑管理与监督、紧急救助及医疗系统、危机管理指挥系统等方面。

二是综合应急管理,以社区或村为单位,从地方的横向联系、地方驻军的动员,直至中央危机管理机构之间,都赋予不同程度的危机管理指挥动员职责,并有经常性的演练。各级政府制定了"应急行动规划",通过采取减灾、防灾、回应和恢复四个相互关联的行动,来履行各自的应急管理职责。

(二)日本城市安全防灾规划研究现状

日本地处太平洋板块和欧亚板块的交界地带,属于火山地震等自然灾害多发的国家,其抗震防灾理论和技术已相当完善。日本城市安全防灾体系是一套由法律、规划、财政、金融等组成的综合体系。根据其《灾害对策基本法》的规定,国家的"中央防灾会议"负责制定"防灾基本规划"。作为防灾领域的最高层次规划,该规划是一个规定防灾减灾行动原则的定性规划。中央政府有关部门和指定公共机构要以其为指导,制定"防灾业务规划"。地方政府都道府县和市村町的"防灾会议"制定"区域防灾规划"。就防灾减灾规划来说,东京都是一个很好的范例。经过了近几十次修订,汲取了1995年阪神大地震的教训,规划的结构和内容日益完善,不仅覆盖了综合防御城市主要灾害的方面,而且针对东京都的城市结构特点,规定并规范了一系列具体措施。

(三)我国城市安全防灾规划研究现状

我国城市安全防灾规划编制和研究的开展相对来说较晚,呈现如下特点:

(1)城市规划和建设更多考虑城市的发展问题,对城市防灾安全问题不够重视,在编制城市规划的时候,防灾规划往往处于次要层面,没有被列入重点问题进行考虑。

(2)现有城市安全防灾规划以各部门制定的防灾专业规划为主导,缺少综合防灾规划的理论与技术支撑。

(3)城市安全防灾规划作为城市安全建设常态与现有的城市应急预案不衔接,难以协调。

(4)城市综合防灾研究和规划的进程缓慢,成果较少,最近10年国家自然科学基金委员会仅资助了"城市生态减灾的空间组织及规划调控研究"、"城市避震减灾绿地体系规划理论研究"等个别防灾规划项目。

为此,周锡元院士多次呼吁理论界应重视城市防灾规划的基本理论研究,他强调城市综合防灾规划不仅需要指导城市项目规划设计,更需要在防灾减灾主要系统环节上整合成统一力量,以实现节约型社会的城市安全效益最优化。

第二节 东日本大地震中应急物资分配对城市安全防火规划的启示

一、日本城市应急物资储备库状况

日本建立了应急物资储备和定期轮换制度,各级政府和地方公共团体预先设计好救灾物资的储备点,建立储备库和调配机制。例如,在日本红十字香川县支部、香川县消防学校、防灾航空大队、三丰市消防团、丸龟川西地区自主防灾会等地方,都设有拥有储备充足的应急物资装备、设施和生活必需品的储备库。

但是灾区物资分配不公平现象严重。2011 年东日本大地震后,宫城县仙台市近 1.4 万人在 140 多个安置点避难。大地震一个月后,随着各方面援助的到来,一些避难所的条件已有所改善。在仙台市郊区的六乡避难所,难民可以喝上味噌汤、吃上牛肉盖浇饭和咖喱饭等,而在更靠近重灾区,尤其是交通未完全恢复地区,援助物资的供应并不充分,比如宫城县石卷地区的避难所,难民一天只能吃两顿,食物也只有冷饭团或者面包。更糟糕的地方,救援物资没有及时送到,救灾的自卫队携带的食物也极其有限,一些难民只能靠捡死鱼和罐头充饥。据了解,出现这些现象的主要原因是由于应急物资储备库的选址不合理,严重影响了物资分配。

二、日本城市应急物资储备状况

在应急物资储备方面,应急物资种类多、数量足、质量高。日本建立了应急物资储备和定期轮换制度,各级政府和地方公共团体要预先设计好救灾物资的储备点,建立储备库和调配机制。其中主要食品、饮用水的保质期是五年,一般在第四年的时候更换,更换下来的食品用于各种防灾演习。日本大力开发防震抗灾用品。根据不同的用途和需要,日本现已研制出各种防震抗灾用品。例如,具有一定防火功能的紧急避难用品包,内有各类物品 27 件,其中包括矿泉水、饮用水长期保存罐、压缩饼干、手摇充电的收音机及电灯、防尘口罩、防滑手套、绳子、固体燃料、急用哨子、护创膏、药棉和绷带等。同时,每次综合防灾训练时,组织部门会邀请防灾用品生产企业参加,既调动了企业投身应急管理事业的积极性,又向公众推广了防灾用品。由于防灾用品产业的快速发展及公众防灾意识的增强,日本基本上家家都储备有防灾应急用品和自救用具。在此次东日本大地震中,这些应急物品发挥了一定的作用。

不过在救灾过程中也暴露了一些不足,主要体现在物资准备的数量仍不够充分,各种物资比例不配套,以致地震后有关物资配给持续混乱。例如在一所只有 20 多人避难的中学校舍内,却分得 600 多支牙刷。在另一所小学内,冷冻食品虽被送达,却没有配套设备用来加热食用。多个县的灾民度过多个没有自来水、暖气、电力以及定点供饭的日子后,沮丧和愤怒情绪日益增长,灾民对政府救援不力非常不满,甚至对政府失去信任感。地震过去一个月后,日本全国知事会调查了岩手、宫城、福岛、茨城 4 个重灾县的物资供应情况,同样发现安置点内存在物资供需要求不匹配的情况。例如在众多安置点，大米等主食供应充足，而佐餐的菜肴不足，这一情况导致居民营养失调。

三、日本城市防灾绿地状况

在城市绿地中，建筑物少而低矮，绿化面积大，是人们避震的理想场所。地震发生后，部分树木不会倒伏，可以利用树木搭建帐篷，创造避震的临时生活环境，由此城市绿地从救灾角度看也是一种非常重要的应急物资。

日本是一个位于环太平洋地震带上四面临海的岛国。由于所处的地理位置及其地形、地质、气象等自然条件的特殊性，地震、台风、暴雨、火山等引起的自然灾害经常发生。1923 年的关东大地震对日本造成了前所未有的创伤，多数市民逃向了城市绿地这样的开敞空间。基于这次惨痛的经验，日本有意识地加强了城市绿地的防灾建设。经过长期的努力，日本不断健全法律规范标准体系，分类分级建设防灾绿地。

防灾绿地的建设分为三个阶段：

1. 防灾绿地系统规划的初步制定

1923 年关东大地震后的复兴计划借鉴芝加哥公园系统规划的思想和手法，日本制定了第一个系统性的绿地系统规划，该规划是日本防灾绿地建设的最初的政策依据。

2. 城市防灾公园体系的提出和建设

1995 年阪神大地震后，日本重新检讨城市中防灾公园布局的合理性和防灾设施的完备性，并提出将城市公园改造成防灾公园或规划建设新的防灾公园的设想，以强化城市公园的防灾减灾功能。日本的防灾公园体系构成按其功能、规模分为广域防灾据点、广域避难场所、紧急避难场所、邻近避难点、避难通道和缓冲绿地 6 类，每一类防灾公园类型均有严格的建设标准和规划设计技术要点。1956 年日本颁布《城市公园法》，对城市绿地的分类、服务半径、面积等指标均作了规定，使得人均公园面积达到了较高水平，也使得城市公园的设置和分布趋于均匀合理。

3. 城市防灾公园体系的法律规定及进一步完善

1973 年日本在《城市绿地保全法》中，把城市公园列入防灾体系，进一步明确了城市绿地的防灾功能。1993 年日本进一步修订《城市公园法》，明确提出了"防灾公园"的概念，并在 1998 年制定了《防灾公园规划和设计指导方针》，就防灾公园的定义、功能、设置标准及有关设施等作了详细规定。

据了解，目前日本已经建立了非常完备的城市防灾绿地系统。1 公顷左右的供居民暂时避难的临近公园、10～50 公顷的广域公园、宽度 10 米以上的绿色避难通道和城市特殊地段的安全卫生防护绿地构成了日本"防灾公园"体系。大小不同的绿地在防灾、避灾、救灾及灾后重建过程中承担不同的任务，发挥不同的作用，形成一个分布广泛、面积多样、层级结构合理的防灾绿地网络。

事实上，作为灾民的避难场所，日本大地震中防灾绿地发挥了巨大作用。

四、启示：应急物资调度是城市安全防灾规划中的重要因素

如上所述，日本的应急物资储备库布局和应急物资储备的教训以及城市防灾绿地的建设经验值得我们反思、借鉴。城市安全防灾规划是城市规划的基本组成部分，而各类突发事件的频繁暴发使其地位进一步提升，制定综合完善的安全防灾规划是城市实现可持续发展的必要前提，其根本目的是预防和减少突发事件给社会经济及人民生命财产带来的损失。防灾减灾是一个系统工程，包括预测、预报、防御、抗灾、救助、修复六个环节，而应急物资是每个环节必不可少的实现条件，在应急活动中，为保障受灾地区民众生活及应急救援活动的开展，应急物资不仅包括生活物资、医疗器材、药品和救援设备等，还包括灾民临时居住的避难所。这些物资能不能及时合理地分配与我们在城市安全防灾规划时考虑是否周全有直接关系，如在"5·12"汶川地震暴露出城市绿地系统防灾避险设施建设存在着突出问题：城市公园建设滞后，防灾体系缺乏，特别是缺乏开敞空间作为避难场所，缺乏疏散道路引导。因此在城市安全防灾规划中应围绕应急物资的分配，考虑如何方便实施救援工作中的灾区物资分配。

第三节　我国城市安全防灾规划充分考虑应急物资分配的实现途径

一、重视应急物资储备库的建设与选址

在城市安全防灾规划与应急物资分配中，如何有效配置和合理布局城市应急物资储备库，是一项至关重要的战略决策。城市安全防灾规划是从根源上防止灾害的发生，注重预先性和主动性，应急物资分配则从过程上减轻灾害的后果，注重事后性和被动性。城市安全防灾规划和应急物资分配的关联之处就在于灾后响应过程中的城市应急物资储备库，因此城市应急物资储备库的建设和选址决策就显得尤其重要。一方面，应急物资储备库的数量必须满足救援需求，另一方面应急物资储备点的选址要保证灾区物资分配的效率和效果。

应急物资储备库选址应该考虑两个因素，即时间限制和成本限制。在时间

限制方面,由于每个城市的交通状况、人口密度、经济地位以及灾害发生的概率不同,所以对响应时间的要求也不同。如在人口密度大、经济发达的城市,对响应时间的要求就很高。在成本限制方面,应急物资储备库与急救中心、消防中心等一般应急设施不同,由于是应急事件专用,而灾害发生概率小,储备库通常处于日常维护的状态,利用率比较低,而储备库的建设成本和建设后的运营维护成本都比较大,总体费用比较高,是应急物资储备库选址时考虑的关键因素。

救灾物资储备库的选址应符合当地城市规划,遵循储存安全、调运方便的原则,如建设的地势要比较高,且工程地质和水文地质条件较好,因为在发生洪水、海啸等灾害时地势的高低和房屋地基的稳定性直接决定了灾民生命是否安全;再如交通运输要比较便利,最好临近铁路货站或高速公路入口;最后地势要较为平坦,视野相对开阔,便于紧急情况下直升机的升降。

二、强调应急物资的储备与管理

鉴于城市灾害具有不确定性、突发性、强破坏性等特点,所以在城市安全防灾规划中要事先在应急物资储备库中准备数量充足、比例适当的应急物资。加强应急物资储备以提高城市应急管理部门抵抗大灾的应急救助水平,需要建立门类齐全的应急救灾储备体系,确保能及时提供抗灾技术、人力和物力的支持。

因为灾区需求随着时间变化不断改变,如在救灾后期,灾民对消耗性物资,如能常温保存且可轻松烹制成菜肴的食品需求度很高,而对一次性物资如帐篷等需求减少。这时需要救援组织及时调查灾区的需求后,不断调整救援物资,以根据灾区的需求提供及时援助。因此城市应急物资储备需要对可能发生的灾害的类别,不同灾害所需应急物资的种类,以及灾害的不同阶段的物资需求作充分的调查。

在应急物资管理方面,要做好物资的采购、入库、日常保管、出库等方面的管理工作,要按照"分类管理、管理科学、进出规范"的原则,引入现代化管理手段,注意主要食品和饮用水的保质期问题,过期物资要及时更换,保证应急物资的质量。

三、加强防灾绿地的建设和布局

城市绿地作为城市开敞空间,在地震、火警等重大灾祸发生时,能够作为人们紧急避险、分散转移或临时安排的紧急场所,所以应充分重视防灾绿地的建设与布局。城市绿地对城市地震灾害及其二次灾害的防御具有重要的作用。对于能在灾前防御以及灾后救助,满足城市居民在各个受灾时序中各种避难生活要求的城市避震减灾绿地体系的研究有着重要的现实意义。防灾绿地分为防灾公园、临时避险绿地、紧急避险绿地、绿色分散通道等。

2007 年中华人民共和国建设部颁布的《城市抗震防灾规划标准》和 2008 年 9 月住房与城乡建设部下发的《关于加强城市绿地系统建设提高城市防灾避险能力的意见》(建城〔2008〕71 号),对加强城市防灾避险绿地的规划提供了规划依据。我国部分城市已经开始规划建设,如杭州市筹划局计划在杭州建设 20 个市级公园、区级公园的防灾公园,同时打造"一圈两轴六条生态带"都会绿地系统。同时,一些城市在防灾绿地的选址布局上也存在一些问题,如规划往往重视指标,忽视防灾绿地分布的平衡。

防灾绿地布局要在城市现有防灾资源、城市绿地及其他可利用场地调研分析的基础上,结合城市总体规划和绿地系统规划中确定规划中的防灾用地资源情况,来确定满足疏散人口避难要求的用地总量。同时,遵循均衡布局与网络原则,使防灾绿地在城市内均衡分布,确保各处居民能够及时逃生;连通各级防灾绿地的疏散通道,形成网络化的城市救灾通道,最终确定防灾公园和固定防灾绿地的数量和分布情况。

进行选址布局时还需考虑一些因素,避开地动活断层、岩溶塌陷区、地动次生灾害源、洪涝、山体滑坡、泥石流等天然灾害易发地段。应该选择在高层构筑物、矗立构筑物垮塌范畴隔断之外的平坦空旷且地势略高,易于排水,适宜搭建帐篷的地块上建设防灾绿地。还要注意尽量避开历史名园、风景名胜公园、动物园等不宜防灾避险的场所。

第四节　本章小结

现代城市是一个政治、经济、文化、社会、地域的多功能综合体,它是一个区域、一个国家的中心,甚至是世界性的中心。它作为一个有机整体,发挥出强大的集聚经济效益和辐射扩散效应。伴随着我国在世界经济发展中的中心地位的确立,一些大都市和城市群在世界城市舞台上迅速崛起,我国已经形成长江三角洲、珠江三角洲、环渤海地区三大城市群,发挥中心作用。城市具有人口集中、产业集中、财富集中、建筑物与构筑物集中和各种灾害集中的特点,一旦发生城市灾害及重大公共危害事件,影响效果往往被非线性放大。城市安全规划不当不仅会危及本市市民的生命财产安全,带来较其他地区更为严重的后果,还往往波及农村和其他城市,甚至影响社会全局。

第十章 总结与展望

本章对全书的研究结论作一个总结,并提出今后需要进一步研究的方向。

第一节 全书总结

本书运用物流系统理论、福利经济学、公共突发事件管理理论,并结合地区交通路网模型,在对相关研究成果进行分析的基础上,主要研究面向突发性灾害事件的应急管理的核心:应急物资分配决策优化过程的模型构建与求解。本书的研究结论如下。

1. 对现有相关研究的综述

对相关研究的综述分为四个部分:第一部分,从管理学理论学派角度出发对应急决策的研究进行综述,研究了国内外学者在应急决策理论和决策方法方面提出的观点,提出了本研究与现有研究的区别和联系。第二部分,从研究对象角度出发对应急物资管理的研究进行了综述,根据应急物资管理行为发生的时间,分别对应急物资选址和配置、应急物资储备和补充以及应急物资调度和分配三个方面的研究成果进行分析,特别关注应急物资分配的研究。第三部分和第四部分则分别对应急物资需求预测和方案评价的相关文献进行分析。最后指出本书的研究是在现有应急决策研究和应急物资管理研究等研究的基础上,对应急物资分配的决策过程进行科学分析,系统研究应急物资需求预测、应急物资分配决策和分配效果评价三个方面,研究内容与现有研究有着本质区别。

2. 应急物资分配决策的原理分析

分析应急物资分配决策的内涵和特点,认为应急物资分配决策是由外部信息、决策主体、决策对象和决策结果构成的有机系统,具有决策主体的多元性、决策客体的复杂性、决策目标的时间性、决策制定的协调性、决策模式的非程序性、决策方案的权变性以及决策效果的有效性等特点。分析应急物资分配决策的过程特性,认为应急物资分配决策系统是一个由信息收集、选择决策方案、对决策方案实施评价和按照方案实施分配四个阶段多个步骤组成的循环系统,并提出应急物资分配决策的关键环节。

3. 应急物资需求预测模型的研究

首先总结在应急物流情景下物资需求预测方法与一般物流情景下的不同之处;然后提出在突发性灾害事件发生时的黄金救援时间内对应急物资需求预测应该采用间接预测的方法,即先预测伤亡人口数量再预测应急物资需求量,从而设计了应急物资需求预测的过程;最后针对预测过程中的每个阶段提出具体的模型,并以大型地震中应急物资需求预测为例对各个步骤进行了阐述。

4. 应急物资最优分配模型的研究

对应急物资最优分配模型的研究分为三个阶段。

第一阶段是二级节点网络的分配模型,该模型基于博弈理论解决灾情不能完全扑灭的应急物资分配问题。首先通过虚构救援点解决供需不平衡问题;然后构建响应时间函数,以“应急响应时间最早”为目标研究对各受灾点进行独立物资分配的方法;接着为发生资源冲突的受灾点构建了策略集和支付函数,从而建立了应急物资分配的完全信息非合作博弈模型;最后通过构建适应度函数,提出用粒子群算法求解模型的方法。

第二阶段是在二级节点网络的基础上,由单种物资组合分配扩展到多种物资组合的分配模型,该模型解决从不同的救援点到不同的受灾点分配不同物资组合的量的问题。在构建系统损失函数的基础上,考虑了需求约束、供应约束、动力约束、公平约束等的限制条件,建立了以受灾点的系统损失最小为优化目标的非线性规划模型。证明该模型是凸规划模型后,用 Matlab 优化工具箱的 fmincon 函数求解模型,并用数值算例证明模型和求解方法的有效性。

第三阶段是三级节点网络的分配模型。该模型是建立在由应急物资集散点、配送中心和受灾点的三级节点的分配网络基础上,以受灾点的系统损失最小为目标,考虑公平约束和应急响应时间的应急物资分配模型。针对混合整数非线性规划模型的特点提出了改进 PSO 算法,并用数值算例表明 PSO 改进算法比其他算法表现出较好的有效性和稳定性。

5. 应急物资分配效果评价模型的研究

首先对应急物资分配效果评价进行定性研究,分析了对应急物资分配方案评价应遵循的原则,认为对应急物资分配方案的评价应强调公平原则,分析公平与效率之间的辩证关系。然后定量研究,在研究相关学者的研究成果基础上，设计计算简便、容易理解且性能较好的评价指标及计算模型。该模型考虑了受灾点的不同需求量要求以及对物资的不同需求紧迫程度，并应用模型对算例的方案进行评价。

6.应急物资分配决策对安全防灾规划的影响

应急物资分配决策是在突发性灾害事件发生后的应急响应的重要决策，目的是减少灾害损失，本书提出如果能在灾前的安全防灾规划中就考虑应急物资分配的重要因素，能够起到事半功倍的效果。从东日本大地震的应急救援案例中总结城市安全中应急物资分配的深刻教训和成功经验，提出我国要充分重视城市安全防灾规划中的应急物资分配问题，加强城市应急物资的储备与管理，做好应急物资储备库、防灾绿地的选址和建设工作。

第二节　研究展望

本书研究了突发性灾害事件下应急物资分配问题的决策理论与方法，在研究内容和研究方法方面取得了一些研究成果，但是受到研究能力和研究时间的限制，仍有一些问题尚需进一步研究。

（1）在本书各章中所构建的模型需要根据应急实践的需要进行改进。如在构建应急物资需求预测模型时仅以大型地震灾害为例，而针对其他突发性灾害事件下的预测模型构建需要进一步研究。再如在构建对分配方案评价的测度模型时，仅针对具有单一物资需求或者需求组合的物资分配方案的公平评价问题；而如果具有多种物资需求，而且多种物资无法组合处理时，该模型则需要进行改进，以适用于新的情况。

（2）研究突发性灾害事件下的应急物资保障机制。本书对应急物资分配决策过程的研究仅仅是应急物资保障体系中的一个内容，由于分配决策不是孤立地存在着，而是与物资管理体系中的其他内容环环相扣、互相作用的，因此还需在系统研究应急物资分配决策的基础上，进一步研究分配环节如何与其他环节整合的问题。

（3）本书研究成果的应用价值的实现。本书在验证所设计的模型及其算法的有效性时，利用数学计算软件编制了一些应用程序，并用一些数值进行了模拟，为了让这些成果能够应用到应急物资管理实践中，可以编写计算机开发程序，设计有助于突发性灾害事件下的应急物资分配决策的智能支持系统，或者作为一个功能模块植入应急物资管理系统中。

参考文献

[1] Adivar B & Mert A. International disaster relief planning with fuzzy credibility[J]. Fuzzy Optimization and Decision Making, 2010(9): 1-21.

[2] Aleskerov F, Say A I & Toker A, et al. A cluster-based decision support system for estimating earthquake damage and casualties[J]. Disasters, 2005, 29(3): 255-276.

[3] Allison P D. Measures of inequality[J]. American Sociological Review, 1978, 43(6): 865-880.

[4] Andersson T & Varbrand P. Decision support tools for ambulance dispatch and relocation[J]. Journal of the Operational Research Society, 2007(58): 195-207.

[5] Araz C, Selim H & Ozkarahan I. A fuzzy multi objective covering based vehicle location model for emergency services [J]. Computers & Operations Research, 2007(34): 705-726.

[6] Atkinson A B. On the measurement of inequality [J]. Journal of Economic Theory, 1970(2): 244-263.

[7] Badal J, Zquez-Prada M & Gonz A Lez A. Preliminary quantitative assessment of earthquake casualties and damages[J]. Natural Hazards, 2005, 34(3): 353-374.

[8] Badri M A, Mortagy A K & Alsayed C A. A multi-objective model for locating fire stations[J]. European Journal of Operational Research, 1998 (110): 243-260.

[9] Balcik B & Beamon B M. Facility location in humanitarian relief[J]. International Journal of Logistics: Research and Applications, 2008, 11 (2): 101-121.

［10］Barbarosoglu G，Arda Y. A two-stage stochastic programming framework for transportation planning in disaster response［J］. Journal of the Operational Research Society，2004，55(1)：43-53.

［11］Barbarosoglu G，Ozdamar L & Cevik A. An interactive approach for hierarchical analysis of helicopter logistics in disaster relief operations ［J］. European Journal of Operational Research，2002(140)：118-133.

［12］Blaikei P，Cannon T，Davis I，et al. Risk：Natural Hazard，People's Vulnerability and Disasters［M］. London：Routledge，1994：147-167.

［13］Chang M，Tseng Y & Chen J. A scenario planning approach for the flood emergency logistics preparation problem under uncertainty［J］. Transportation Research Part E，2007(43)：737-754.

［14］Clemmer Elizabeth C. An investigation into the relationship of fairness and customer satisfaction with service［C］. //Cropanzano Russel 1. ed. Justice in the Workplace，Approaching Justice in Human Resource Management. Hillsdale，NJ：Erlbaum，1993：193-207.

［15］Cosgrave J. Decision making in emergencies［J］. Disaster Prevention and Management，1996，5(4)：28-35.

［16］Dreznera T，Dreznera Z & Guyseb J. Equitable service by a facility：Minimizing the Gini coefficient［J］. Computers & Operations Research，2009(36)：3240-3246.

［17］Eberhart R C & Shi Y. Particle swarm optimization：developments，application and resources［J］. Congress on Evolutionary Compution，2001，1(2)：81-86.

［18］Elliott R. A measure of fairness of service for scheduling algorithms in multi-user systems［C］. Proceedings of the 2002 IEEE Canadian Conference on Electrical & Computer Engineering Canadian，2002，1583-1588.

［19］Equi L，Gallo G M. & Marziale G. A combined transportation and scheduling problem［D］. Pisa：Pisa University，1996：523-538.

［20］Fiedrich F，Gehbauer F & Rickers U. Optimized resource allocation for emergency response after earthquake disasters［J］. Safety Science，2000(35)：41-57.

［21］Gendreau M，Laporte G & Semet F. A dynamic model and parallel tabu search heuristic for real-time ambulance［J］. Parallel Computing，2001(27)：1641-1653.

［22］Graber W K & Gassmann F. Real time modelling as an emergency decision support［J］. Mathematics and Computers in Simulation，2000 (52)：413-426.

［23］Guo Z & Qi M. Research on the demand forecast of emergency material based on fuzzy markov chain［J］. E-Product E-Service and E-Entertainment，2010(2)：14-17.

［24］Gupta U. Multi-event crisis management using non-cooperative repeated games［D］，Florida：University of South Florida，2004.

［25］Haghani A，Oh S C. Formulation and solution of a multi-commodity，multi-modal network flow model for disaster relief operations［J］. Transportation Research Part A，1996，30(3)：231-250.

［26］HernaÂndeza J Z & Serrano J M. Knowledge-based models for emergency management systems［J］. Expert Systems with Applications，2001(20)：173-186.

［27］Ikeda Y，Beroggi G E G & Wallace W A. Supporting multi-group emergency management with multimedia［J］. Safety Science，1998(30)：223-234.

［28］Jain R，Chiu D M & Hawe W. A quantitative measure of fairness and discrimination for resource allocation in shared computer systems［R］. Washington University in Saint Louis：DEC Research Report TR-301，1984.

［29］Joseph F st Cyr. At risk：natural hazards，people's vulnerability，and disasters［J］. Journal of Homeland Security and Emergency Management，2005,2(2)：1-4.

［30］Jotshi A，QiangGong & RajanBatta. Dispatching and routing of emergency vehicles in disaster mitigation using data［J］. Socio-Economic Planning Sciences，2009(43)：1-24.

［31］Kalu I L，Paudyal G N & Gupta A D. Equity and efficiency issues in irrigation water distribution［J］. Agiricultural Water Management，1995 (28)：335-348.

［32］Karaman M M，Elmaghraby W & Salman F S. Relief aid stocking decisions under cooperation of emergency response agencies［C］. Proceedings of the Manufacturing and Service Operations Management Society Annual Conference (MSOM)，June 27-29，2010，Haifa，Israel.

［33］Klein G A. Recognition-primed Decisions Greenwich［M］，CT：JA I

Press，1989：47-92.

[34] Liang J J, Qin A K. Comprehensive learning particle swarm optimizer for global optimization of multimodal functions[J]. IEEE Transactions on Evolutionary Computation，2006，10(3)：281-295.

[35] List G. Routing and emergency-response-team siting for high-level radioactive waste shipments[J]. IEEE Transaction on Engineering Management，1998，45(2)：141-152.

[36] Liu R. The water pollution emergency material requirement forecast research of the three gorges reservoir area[C]. The 2nd International Conference on Internet Technology and Applications, August 16-18, 2011, Wuhan, China.

[37] Liu W, Hu G. & Li J. Emergency resources demand prediction using case-based reasoning[J]. Safety Science，2012(50)：530-534.

[38] Luymes D T, Tamminga K. Integrating public safety and use into planning urban greenways[J]. Landscape and Urban Planning，1995 (33)：391-400.

[39] Mandell M B. Modelling effectiveness-equity trade-offs in public services delivery systems[J]. Management Science，1991，37(4)：467-482.

[40] Marsh M T & Schilling D A. Equity measurement in facility location analysis：a review and framework[J]. European Journal of Operational Research，1994(74)：1-17.

[41] Mckelvey R D & Mclennan A. Computation of equilibria in finite games [C]. // Handbook of Computational Economics, Vol. 1. Ainsterdam：Elsevier Science，1996：87-142.

[42] Mendonça D, Beroggi G E G, van Gent D, et al. Designing gaming simulations for the assessment of group decision support systems in emergency response[J]. Safety Science，2006，44(6)：523-535.

[43] Nash J. Non-cooperative games[J]. The Annals of Mathematics，1951，54(2)：286-295.

[44] Ozbay K & Eren Erman Ozguven M S. A Stochastic humanitarian inventory control model for disaster planning[C]. Washington D.C.，2007.

[45] Ozbay K, Xiao W, Iyigun C, et al. Probabilistic programming models for response vehicle dispatching and resource allocation in traffic incident management[D]. I&SE：Rutgers University，2004：4-14.

[46] Özdamar L, Ekinci E, Küçükyazici B. Emergency logistics planning in natural disasters[J]. Annals of Operations Research, 2004, 129 (1): 217-245.

[47] Parsopoulos K E & Vrahatis M N. Recent approaches to global optimization problems through particle swarm optimization[J]. Natural Computing, 2002(1): 235-306.

[48] Pavlidis N G, Parsopoulos K E. & Vrahatis M N. Computing nash equilibria through computational intelligence mehtods[J]. Journal of Computational and Applied Mathematics, 2005, 175: 113-136.

[49] Pauwels N, Van De Walle B, Hardeman F, et al. The implications of irreversibility in emergency response decisions[J]. Theory and Decision, 2000(49): 25-51.

[50] Ranganathan N, Gupta U, Shetty R, et al. An automated decision support system based on game theoretic optimization for emergency management in urban environments[J]. Journal of Homeland Security and Emergency Management, 2007, 4(2): 1-25.

[51] Rathi A K, Church R L & Solanki R S. Allocating resources to support a multicommodity flow with time windows [J]. Logistics and Transportation Review, 1993(28): 167-188.

[52] Rawls C G & Turnquist M A. Pre-positioning of emergency supplies for disaster response[J]. Transportation Research Part B, 2010(44): 521-534.

[53] Ray J. A multi-period linear programming modal for optimally scheduling the distribution of food-aid in west [D]. Knoxville: University of Tennessee, 1987.

[54] Raz D, Levy H & Avi-Itzhak B. A resource-allocation queueing fairness measure [C]. SIGMETRICS/Performance'04, June12-16, 2004, NewYork,NY,USA.

[55] Sayegha L, Anthony W P & Perrewe P L. Managerial decision-making under crisis the role of emotion in an intuitive decision process[J]. Human Resource Management Review, 2004(14): 179-199.

[56] Shetty R S. An event driven single game solution for resource allocation in a multi-crisis environment [D]. Florida: University of South Florida, 2004.

[57] Sheu J B. An emergency logistics distribution approach for quick

response to urgent relief demand in disasters［J］. Transportation Research Part E，2007，43(1)：687-709.

[58] Sheu J B. Dynamic relief-demand management for emergency logistics operations under large-scale disasters[J]. Transportation Research Part E：Logistics and Transportation Review，2010，46(1)：1-17.

[59] Sheu J B，Chen Y & Lan L W. A novel model for quick response to disaster relief distribution[C]. Proceedings of the Eastern Asia Society for Transportation Studies，2005 (5)：2454-2462.

[60] Shi Y & Eberhart R. A modified particle swarm optimizer[C]. IEEE World Congress on Computational Intelligence，May 4-9，1998，Anchorage，Alaska，USA.

[61] Shi Y & Eberhart R. Empirical study of particle swarm optimization [C]. //Proceedings IEEE Congress. Evolutionary Computation，1999 (3)，1945−1950，Washiton，USA.

[62] Tamura H，Yamamoto K & Akazawa K. Decision analysis for mitigating natural disaster risks[C]. Nashville，TN，2000：554-559.

[63] Taskin S & Lodree Jr E J. Inventory decisions for emergency supplies based on hurricane count predictions[J]. Int. J. Production Economics，2009(126)：66-75.

[64] Toregas C，Swain R，ReVelle C，et al. The location of emergency service facilities[J]. Operations Research，1971，19(6)：1363-1373.

[65] Van Wyk E，Bean W L & Yadavalli V S S. Modelling of uncertainty in minimising the cost of inventory for disaster beliefe[J]. South African Journal of Industrial Engineering，2011，22(1)：1-11.

[66] Wei Yi，Arun Kumar. Ant colony optimization for disaster relief operations[J]. Transportation Research Part E，2007 (43)：660-672.

[67] Wybo J L & Kowalski K M. Command centers and emergency management support[J]. Safety Science，1998(30)：131-138.

[68] Yang L，Bryan，Jones，et al. A fuzzy multi-objective programming for optimization of fire station locations through genetic algorithms［J］. European Journal of Operational Research，2007(182)：903-915.

[69] Yi W & Kumar A. Ant colony optimization for disaster relief operation [J]. Transportation Research Part E，2007(43)：660-672.

[70] Yi W & Ozdamar L. A dynamic logistics coordination model for

evacuation and support in disaster response[J]. European Journal of Operational Research，2007(179)：1177-1193.

[71] Zhou Y & Sethu H. On the relationship between absolute and relative fairness bounds[J]. IEEE Communications letters，2002，6(1)：37-39.

[72] 包玉梅. 突发公共事件应急物姿储备策略研究[J]. 科技信息(学术版)，2008(34)：67—69.

[73] Briggs S. 地震伤亡率的影响因素[J]. 中国输血杂志，2008，21(8)：643—644

[74] 曹书民，杜清玲. 基于 BP 神经网络的人力资源需求预测[J]. 山东理工大学学报(自然科学版)，2008(5)：26—29.

[75] 陈安，陈宁，倪慧荟. 现代应急管理理论与方法[M]. 北京：科学出版社，2009，232,266—267.

[76] 陈达强，刘南，缪亚萍. 基于成本修正的应急物流物资响应决策模型[J]. 东南大学学报(哲学社会科学版)，2009(1)：67—70.

[77] 陈达强，郑文创，丁夏. 带时变供求约束的应急物资分配模型[J]. 物流技术，2009(2)：90—92.

[78] 陈棋福. 中国震例(1992—1994)[M]. 北京：地震出版社，2002：117—139，358—390.

[79] 陈棋福. 中国震例(1997—1999)[M]. 北京：地震出版社，2003：46—173，245—270，373—399.

[80] 陈棋福. 中国震例(2000—2002)[M]. 北京：地震出版社，2008：1—34，280—308，392—425.

[81] 陈森，姜江，陈英武. 未定路网结构情况下应急物资车辆配送问题模型与应用[J]. 系统工程理论与实践，2011(5)：907—913.

[82] 程序芳. 基于需求分级的两次应急资源运输研究[J]. 科学技术与工程，2010，10(10)：2556—2559.

[83] 崔秋文. 房屋质量低劣是土耳其地震伤亡惨重的最大元凶[J]. 地震科技情报，1999(11)：32—35.

[84] 桂维民. 应急决策论[M]. 北京：中共中央党校出版社，2007：100—112.

[85] 方磊. 基于偏好 DEA 模型的应急资源优化配置[J]. 系统工程理论与实践，2008(8)：98—104.

[86] 方磊，何建敏. 综合 AHP 和目标规划方法的应急系统选址规划模型[J]. 系统工程理论与实践，2003(12)：116—120.

[87] 方磊，何建敏. 城市应急系统优化选址决策模型和算法[J]. 管理科学学

报,2005(1):12—16.

[88] 傅志妍,陈坚. 灾害应急物资需求预测模型研究[J]. 物流科技,2009(10):
     11—13.

[89] 葛洪磊,刘南,张国川,俞海宏. 基于受灾人员损失的多受灾点、多商品
     应急物资分配模型[J]. 系统管理学报,2010,19(5):541—545.

[90] 葛洪磊,刘南. 基于灾情信息序贯观测的应急物资分配模型[J]. 统计与
     决策,2011(22):46—49.

[91] 葛洪磊,刘南. 资源分配中的公平测度指标及其选择标准[J]. 统计与决
     策,2012(9):50—53.

[92] 国家减灾委员会科学技术部抗震救灾专家组. 汶川地震灾害综合分析与
     评估[M]. 北京:科学出版社,2008:3—82.

[93] 郭金芬,周刚. 大型地震应急物资需求预测方法研究[J]. 价值工程,
     2011,30(22):27—29.

[94] 郭平,彭妮娅,侯盾. 收入分配公平的衡量——基于等基尼系数线的平均
     增长点方法研究[J]. 财经理论与实践,2009,30(161):81—85.

[95] 郭子雪,齐美然,张强. 基于区间数的应急物资储备库最小费用选址模型
     [J]. 运筹与管理,2010(1):15—20.

[96] 韩传峰,王兴广,孔静静. 非常规突发事件应急决策系统动态作用机理
     [J]. 软科学,2009(8):50—53.

[97] 韩强. 一类应急物资调度的双层规划模型及其算法[J]. 中国管理科学,
     2007,15(10):716—719.

[98] 胡传平. 区域火灾风险评估与灭火救援力量布局优化研究[D]. 上海:同
     济大学,2006.

[99] 华国伟,余乐安,汪寿阳. 非常规突发事件特征刻画与应急决策研究[J].
     电子科技大学学报(社科版),2011,13(2):33—36.

[100] 计雷,池宏,陈安等. 突发事件应急管理[M]. 北京:高等教育出版社,
      2006:42—52.

[101] 贾建中,刘冬梅,唐进群,吴雯,赵书艺. 从汶川震区看城市避灾用地缺失
      与避灾绿地建设[J]. 城市规划,2008(7):36—40.

[102] 姜涛,朱金福. 应急设施鲁棒优化选址模型及算法[J]. 交通运输工程学
      报,2007(5):101—105.

[103] 姜艳萍,樊治平,苏明明. 应急决策方案的动态调整方法研究[J]. 中国
      管理科学,2011,19(5):104—108.

[104] 李进,张江华,朱道立. 灾害链中多资源应急调度模型与算法[J]. 系统

工程理论与实践，2011，31(3)：488—495.

[105] 李磊. 地震应急救援现场需求分析及物资保障[J]. 防灾科技学院学报，2006(3)：15—18.

[106] 李阳，李聚轩，腾立新. 大规模灾害救灾物流系统研究[J]. 资源与环境，2005，23(7)：64—67.

[107] 李元佳，张春，宋溢澄. 贝叶斯决策理论在核事故中—晚期应急决策优化中的应用[J]. 暨南大学学报(自然科学版)，2003，24(1)：1—6.

[108] 刘春林，何建敏，施建军. 一类应急物资调度的优化模型研究[J]. 中国管理科学，2001(3)：30—37.

[109] 刘利民，王敏杰. 我国应急物资储备优化问题初探[J]. 物流科技，2009(2)：39—41.

[110] 刘明，赵林度. 应急物资混合协同配送模式研究[J]. 控制与决策，2011(1)：96—100.

[111] 刘南，葛洪磊. 应急资源配置决策的理论、方法和应用[M]. 北京：科学出版社，2014.

[112] 刘倬，吴忠良. 地震和地震海啸中报道死亡人数随时间变化的一个简单模型[J]. 中国地震，2005(4)：526—529.

[113] 刘宗熹，章竞. 由汶川地震看应急物资的储备与管理[J]. 物流工程与管理，2008(11)：52—55.

[114] 廖振良，刘宴辉，徐祖信. 基于案例推理的突发性环境污染事件应急预案系统[J]. 环境污染与防治，2009(1)：86—89.

[115] 陆相林，侯云先. 基于设施选址理论的中国国家级应急物资储备库配置[J]. 经济地理，2010(7)：1091—1095.

[116] 马玉宏，谢礼立. 地震人员伤亡估算方法研究[J]. 地震工程与工程振动，2000(4)：140—147.

[117] 缪成，许维胜，吴启迪. 大规模应急救援物资运输模型的构建与求解[J]. 系统工程，2006(11)：6—12.

[118] 聂高众，高建国，苏桂武等. 地震应急救助需求的模型化处理—来自地震震例的经验分析[J]. 资源科学，2001，23(1)：69—76.

[119] 乔洪波. 应急物资需求分类及需求量研究[D]. 北京：北京交通大学，2009.

[120] 秦军昌，王刊良. 一个跨期应急物资库存模型及其解析仿真求解算法[J]. 运筹与管理，2008(4)：45—50.

[121] 盛世明. 浅谈不公平程度的度量方法[J]. 统计与决策，2004(2)：

78—79.

[122] 史培军. 四论灾害系统研究的理论与实践[J]. 自然灾害学报，2005(6)：1—7.

[123] 宋晓宇,刘春会，常春光. 基于改进 GM11 模型的应急物资需求量预测[J]. 沈阳建筑大学学报(自然科学版)，2010，26(6)：1214—1218.

[124] 苏博,刘鲁,杨方廷. 基于灰色关联分析的神经网络模型[J]. 系统工程理论与实践，2008(9)：98—104.

[125] 孙士宏. 震前应急决策的思考[A]. 西宁：中国地震局分析预报中心，2002：164.

[126] 孙燕娜，王玉海，廖建辉. 救灾需求内涵模式及其指标体系与救助评估研究[J]. 经济与管理研究，2010(6)：85—94.

[127] 田军，马文正，汪应洛等. 应急物资配送动态调度的粒子群算法[J]. 系统工程理论与实践，2011，31(5)：898—906.

[128] 王波. 基于均衡选择的应急物资调度决策模型研究[J]. 学理论，2010(17)：40—44.

[129] 汪季玉，王金桃. 基于案例推理的应急决策支持系统研究[J]. 管理科学，2003，16(6)：46—50.

[130] 王楠，刘勇，曾敏刚. 自然灾害应急物流的物资分配策略研究[M]. 北京：中国物资出版社，2006：518—525.

[131] 王晓，庄亚明. 基于案例推理的非常规突发事件资源需求预测[J]. 西安电子科技大学学报(社会科学版)，2010，20(4)：22—26.

[132] 王新平，王海燕. 多疫区多周期应急物资协同优化调度[J]. 系统工程理论与实践，2012(2)：283—291.

[133] 吴国斌，佘廉. 突发事件演化模型与应急决策：相关领域研究述评[J]. 中国管理科学，2006，14(10)：827—830.

[134] 吴昊昱. 地震死亡人数的分布与震后快速估计的方法研究[D]. 北京：中国地震局地球物理研究所，2009.

[135] 吴新燕，顾建华，吴昊昱. 地震报道死亡人数随时间变化的修正指数模型[J]. 地震学报，2009(4)：457—463.

[136] 西蒙·赫伯特. A. 管理行为(第 4 版)[M]. 北京：机械工业出版社，2010：83—86.

[137] 席西民. 管理研究[M]. 北京：机械工业出版社，2000：328.

[138] 夏萍，刘凯. 基于反馈控制原理的应急物资分配动态决策过程分析[J]. 物流技术，2011(1)：87—89.

[139] 夏禹龙，刘吉，冯之浚等. 论应急决策[J]. 领导科学，1989(5)：14—17.

[140] 肖新平. 关于灰色关联度量化模型的理论研究和评论[J]. 系统工程理论与实践，1997(8)：77—82.

[141] 邢冀，钱新明，刘牧等. 基于 Visual Basic. NET 的油气事故应急资源需求预测支持决策系统[J]. 灾害学，2010，25(10)：291—295.

[142] 徐尚友. 公共投资分配效果的评价指标：公平化指数[J]. 统计与决策，2007(7)：78—79.

[143] 杨帆，郑宝柱和剡亮亮. 基于 BP 神经网络的地震伤亡人数评估体系研究[J]. 震灾防御技术，2009(4)：428—435.

[144] 杨继君，吴启迪，程艳等. 面向非常规突发事件的应急资源合作博弈调度[J]. 系统工程，2008，26(9)：21—25.

[145] 杨继君，吴启迪，程艳等. 面向非常规突发事件的应对方案序贯决策[J].同济大学学报(自然科学版)，2010，38(4)：619—624.

[146] 杨继君，许维胜，黄武军等. 基于多灾点非合作博弈的资源调度建模与仿真[J]. 计算机应用，2008，28(6)：1620—1623.

[147] 杨杰英，李永强，刘丽芳等. 地震三要素对地震伤亡人数的影响分析[J]. 地震研究，2007(2)：182—187.

[148] 杨庆育，李明. 基于灰色关联分析法的区域自主创新能力实证测度—以重庆市为例[J]. 软科学，2011，25(1)：91—94，101.

[149] 杨文国，黄钧，郭田德. 大规模突发事件中伤员救助的救护车分配优化模型[J]. 系统工程理论与实践，2010，30(7)：1218—1226.

[150] 姚杰，计雷，池宏. 突发事件应急管理中的动态博弈分析[J]. 管理评论，2005，17(3)：46—50.

[151] 于辉，刘洋. 应急物资的两阶段局内分配策略[J]. 系统工程理论与实践，2011，31(3)：394—403.

[152] 佘廉，吴国斌. 突发事件演化与应急决策研究[J]. 交通企业管理，2005(12)：4—5.

[153] 于瑛英，池宏，祁明亮等. 应急管理中资源布局评估与调整的模型和算法[J]. 系统工程，2008(1)：75—81.

[154] 袁辉. 重大突发事件及其应急决策研究[J]. 安全，1996(2)：1—4.

[155] 袁一凡. 灾害直接损失评估[M]. 北京：地震出版社，2007：82—85.

[156] 曾伟，周剑岚，王红卫. 应急决策的理论与方法探讨[J]. 中国安全科学学报，2009(3)：172—176.

[157] 张波. 基于两因素的武警部队应急军需物资需求预测分析[J]. 武警工程学院学报, 2009, 25(4): 56—59.

[158] 张德丰. MATLAB 神经网络应用设计[M]. 北京: 机械工业出版社, 2009: 218—224.

[159] 张翰卿, 戴慎志. 城市安全规划研究综述[J]. 城市规划学刊, 2005 (2): 38—44.

[160] 张婧, 申世飞, 杨锐. 基于偏好序的多事故应急资源调配博弈模型[J]. 清华大学学报(自然科学版), 2007, 47(12): 2172—2175.

[161] 张薇. 突发事件应急物资储备模型探究[J]. 商场现代化, 2009(13): 130—131.

[162] 张维迎. 博弈论与信息经济学[M]. 上海: 格致出版社, 2004: 25—31.

[163] 张小宁, 曹津. 交通拥挤收费的社会公平性分析[J]. 同济大学学报(自然科学版), 2010, 38(11): 1605—1609.

[164] 张彦琦, 唐贵立, 王文昌等. 基尼系数和泰尔指数在卫生资源配置公平性研究中的应用[J]. 中国卫生统计, 2008(3): 243—246.

[165] 张泽旭. 神经网络控制与 MATLAB 仿真[M]. 哈尔滨: 哈尔滨工业大学出版社, 2011: 56—61.

[166] 张肇诚. 中国震例(1966—1975)[M]. 北京: 地震出版社, 1988: 57—76, 98—116, 155—177, 189—210.

[167] 张肇诚. 中国震例(1976—1980)[M]. 北京: 地震出版社, 1990: 29—133, 146—164, 302—326.

[168] 张肇诚. 中国震例(1981—1985)[M]. 北京: 地震出版社, 1990: 1—14, 109—117, 240—266.

[169] 张自立, 李向阳, 王桂森. 基于生产能力储备的应急物资协议企业选择研究[J]. 运筹与管理, 2009(1): 146—150.

[170] 赵林度. 城市群协同应急决策生成理论研究[J]. 东南大学学报(哲学社会科学版), 2009(1): 49—55.

[171] 赵淑红. 应急管理中的动态博弈模型及应用[D]. 郑州: 河南大学, 2007.

[172] 赵希男, 靖可, 陈周坤. 基于个体特征识别的应急决策有效性评价方法[J]. 系统工程, 2009(7): 75—80.

[173] 周涛, 李臻洋. 基于灰色关联分析法的高校"211"工程管理模式研究[J]. 华北电力大学学报(社会科学版), 2010(1): 125—127.

[174] 邹其嘉, 毛国敏, 孙振凯等. 地震人员伤亡易损性研究[J]. 自然灾害学报, 1995(3): 60—68.

附　录

附录内容是第四章的计算过程中所用的五个表格。

附录表 1　比较序列和参考序列的样本数据

序号	地震名称	震级	震中烈度	发震时间	地震序列	受灾面积(km²)	人口密度(人/km²)	设防烈度	设计地震加速度值 g	预报水平	行政等级	地质背景	受伤人口(人)	死亡人口(人)
1	广东阳江(1969.7.26)	6.4	8	1	3	1170	311	7	0.1	4	3	1	1000	33
2	云南通海(1970.1.5)	7.7	10.5	3	3	8882	282	7	0.2	4	4	2	19845	15621
3	四川炉霞(1973.2.6)	7.6	10	2	3	2000	8.43	7	0.15	4	3	3	2756	2175
4	云南大关(1974.5.11)	7.1	9	3	3	2304	107	7	0.15	4	3	2	1600	1423
5	辽宁海城(1975.2.4)	7.3	9.5	2	2	11445	467	7	0.15	1	4	1	16980	1328
6	云南龙胶(1976.5.29)	7.4	9	3	4	148.4	76	8	0.3	1	4	2	2442	98
7	河北唐山(1976.7.28)	7.8	11	3	3	42787	1227	6	0.05	3	2	3	164000	242769
8	四川松潘(1978.8.16)	7.2	8	3	4	1900	9.1	8	0.2	1	3	3	753	38
9	四川盐源(1976.11.7)	6.7	9	3	4	1500	37.2	7	0.15	1	3	2	462	33
10	云南普洱(1979.3.15)	6.8	9	2	3	222	38	7	0.15	1	4	3	563	12
11	四川道孚(1981.1.24)	6.9	8	3	3	608	6.65	8	0.2	2	3	3	489	123
12	新疆乌恰(1983.2.13)	6.8	8.5	1	3	5652	2.31	9	0.4	3	4	2	2	0
13	云南禄劝(1985.4.18)	6.3	8	1	3	931.4	87	7	0.15	3	4	1	300	22

续表

序号	地震名称	震级	震中烈度	发震时间	地震序列	受灾面积 (km²)	人口密度 (人/km²)	设防烈度	设计地震加速度值 g	预报水平	行政等级	地质背景	受伤人口 (人)	死亡人口 (人)
14	云南普洱 (1993.1.27)	6.3	8	3	3	1226.8	38	7	0.15	2	3	2	154	0
15	台湾海峡 (1994.9.16)	7.3	6	1	3	10800	467	7	0.15	3	2	2	799	4
16	河北张北 (1998.1.10)	6.2	8	1	3	135	87.8	7	0.1	3	4	2	11439	49
17	云南宁蒗 (1998.11.19)	6.2	8	2	2	3182	38.6	7	0.15	1	3	3	1600	5
18	山西大同·阳高 (1999.11.1)	5.6	7	2	3	324	108.53	7	0.15	2	4	1	70	0
19	云南姚安 (2000.1.15)	6.5	8	1	2	7834	111.79	7	0.1	1	3	3	2591	7
20	四川雅江·康定 (2001.2.23)	6	8	1	2	5650	8.8	7	0.15	1	3	3	156	3
21	四川盐源·云南宁蒗 (2001.5.24)	5.8	7	3	3	1204	27	7	0.15	2	3	3	71	1
22	云南永胜 (2001.10.27)	6	7	1	3	2492	76.11	8	0.3	1	3	3	220	1
23	新疆巴楚·伽师 (2003.2.24)	6.8	9	1	3	21493	17.86	7	0.15	3	4	3	4853	267
24	四川汶川 (2008.5.12)	8	11	1	3	440442	239	7	0.15	2	3	3	374643	69227
25	青海玉树 (2010.4.14)	7.1	9	3	3	35862	2.42	7	0.15	3	3	3	12135	2698

附录表 2 标准化后的比较序列和参考序列

t	Z_1	Z_2	Z_3	Z_4	Z_5	Z_6	Z_7	Z_8	Z_9	Z_{10}	Z_{11}	Z_a	Z_b
1	0.333333	0.4	0	0.5	0.002351	0.252056	0.666667	0.857143	1	0.5	0	0.002664	0.000136
2	0.875	0.9	1	0.5	0.019866	0.228376	0.666667	0.571429	1	1	0.5	0.052965	0.064345
3	0.833333	0.8	0.5	0.5	0.004236	0.004997	0.666667	0.714286	1	0.5	1	0.007351	0.008959
4	0.625	0.6	1	0.5	0.004926	0.085483	0.666667	0.714286	1	0.5	0.5	0.004265	0.005862
5	0.708333	0.7	0.5	0	0.025687	0.379435	0.666667	0.714286	0	1	0	0.045318	0.00547
6	0.75	0.6	1	1	3.04E-05	0.06017	0.333333	0.285714	0	1	0.5	0.006513	0.000404
7	0.916667	1	1	0.5	0.096869	1	1	1	0.666667	0	1	0.437747	1
8	0.666667	0.4	1	1	0.004009	0.005544	0.333333	0.571429	0	0.5	1	0.002005	0.000157
9	0.458333	0.6	1	1	0.0031	0.028489	0.666667	0.714286	0	0.5	0.5	0.001228	0.000157
10	0.5	0.6	0.5	0.5	0.000198	0.029142	0.666667	0.714286	0	1	1	0.001497	4.94E-05
11	0.541667	0.4	1	0.5	0.001074	0.003544	0.333333	0.571429	0.333333	0.5	1	0.0013	0.000507
12	0.5	0.5	0	0.5	0.01253	0	0	0	0.666667	1	0.5	0	0
13	0.291667	0.4	0	0.5	0.001809	0.069152	0.666667	0.714286	0.666667	1	0	0.000795	9.06E-05
14	0.291667	0.4	1	0.5	0.00248	0.029142	0.666667	0.714286	0.333333	0.5	0.5	0.000406	0

续表

t	Z_1	Z_2	Z_3	Z_4	Z_5	Z_6	Z_7	Z_8	Z_9	Z_{10}	Z_{11}	Z_a	Z_b
15	0.708333	0	0	0.5	0.024222	0.379435	0.666667	0.714286	0.666667	0	0.5	0.002127	1.65E-05
16	0.25	0.4	0	0.5	0	0.069805	0.666667	0.857143	0.666667	1	0.5	0.030528	0.000202
17	0.25	0.4	0.5	0	0.00692	0.029632	0.666667	0.714286	0	0.5	1	0.004265	2.06E-05
18	0	0.2	0.5	0.5	0.000429	0.086732	0.666667	0.714286	0.333333	1	0	0.000182	0
19	0.375	0.4	0	0	0.017486	0.089394	0.666667	0.857143	0	0.5	1	0.006911	2.88E-05
20	0.166667	0.4	0	0	0.012525	0.005299	0.666667	0.714286	0	0.5	1	0.000411	1.24E-05
21	0.083333	0.2	1	0.5	0.002428	0.02016	0.666667	0.714286	0.333333	0.5	1	0.000184	4.12E-06
22	0.166667	0.2	0	0.5	0.005353	0.06026	0.333333	0.285714	0	0.5	1	0.000582	4.12E-06
23	0.5	0.6	0	0.5	0.048507	0.012697	0.666667	0.714286	0.666667	1	1	0.012948	0.0011
24	1	1	0	0.5	1	0.193265	0.666667	0.714286	0.333333	0.5	1	1	0.285156
25	0.625	0.6	1	0.5	0.081141	8.98E-05	0.666667	0.714286	0.666667	0.5	1	0.032386	0.011113

附录表 3　灰色关联纱数 $\xi_{a1}(t)$

t	ξ_{a1}	ξ_{a2}	ξ_{a3}	ξ_{a4}	ξ_{a5}	ξ_{a6}	ξ_{a7}	ξ_{a8}	ξ_{a9}	ξ_{a10}	ξ_{a11}
1	0.555349	0.515948	0.9947	0.501441	0.998167	0.617942	0.334163	0.333333	0.333608	0.503468	0.994699
2	0.334399	0.333333	0.345534	0.528092	0.837382	0.696929	0.351913	0.451769	0.345125	0.347004	0.527918
3	0.333333	0.34824	0.503703	0.50381	0.982052	0.994198	0.335741	0.376696	0.334657	0.505845	0.334934
4	0.399517	0.415518	0.334284	0.502247	0.996137	0.832397	0.3347	0.375674	0.333965	0.594278	0.502096
5	0.383818	0.392801	0.523735	0.917557	0.896717	0.54695	0.349094	0.389743	0.917448	0.34518	0.916882
6	0.357111	0.416436	0.334787	0.334789	0.963359	0.882595	0.504865	0.604778	0.987921	0.336211	0.503232
7	0.463041	0.429631	0.470698	0.88989	0.333333	0.417729	0.372132	0.431776	0.685936	0.535461	0.470652
8	0.383232	0.515534	0.333779	0.333781	0.988379	0.991303	0.50144	0.42867	0.996816	0.503136	0.333739
9	0.47455	0.414283	0.333606	0.333608	0.989136	0.936695	0.333682	0.374674	0.998366	0.502744	0.333739
10	0.453092	0.414392	0.50075	0.500854	0.992436	0.93586	0.333772	0.374762	0.997829	0.335086	0.333625
11	0.433196	0.515092	0.333622	0.500755	0.998676	0.994469	0.500909	0.428367	0.600793	0.502781	0.333582
12	0.452349	0.458592	1	0.500104	0.931518	1	1	1	0.428271	0.334751	0.499954
13	0.586749	0.514776	0.998413	0.500502	0.994086	0.855091	0.333538	0.374531	0.428563	0.334929	0.998412

续表

t	ξ_{a1}	ξ_{a2}	ξ_{a3}	ξ_{a4}	ξ_{a5}	ξ_{a6}	ξ_{a7}	ξ_{a8}	ξ_{a9}	ξ_{a10}	ξ_{a11}
14	0.586425	0.514532	0.333424	0.500307	0.987978	0.933497	0.333408	0.374404	0.600147	0.502331	0.500157
15	0.369007	0.995003	0.995764	0.501171	0.885241	0.51669	0.333983	0.374969	0.429054	1	0.50102
16	0.652988	0.534077	0.942457	0.515862	0.848094	0.911267	0.343768	0.340741	0.439792	0.341706	0.515699
17	0.626954	0.516956	0.502142	0.992343	0.984662	0.940833	0.3347	0.375674	0.992337	0.504278	0.334243
18	0.99956	0.679437	0.500091	0.500195	0.998553	0.823338	0.333333	0.37433	0.599985	0.334792	0.999636
19	0.528744	0.518631	0.986366	0.987162	0.941579	0.83023	0.335592	0.334442	0.987143	0.505621	0.334835
20	0.712979	0.514535	0.999179	1	0.933641	0.988027	0.33341	0.374405	1	0.502333	0.333384
21	0.832408	0.65944	0.333374	0.500196	0.987005	0.952814	0.333334	0.374331	0.599987	0.502219	0.333333
22	0.71319	0.679874	0.998837	0.500395	0.97277	0.871118	0.500369	0.599743	0.999657	0.502419	0.333422
23	0.458857	0.419088	0.974758	0.506668	0.827382	0.999378	0.337645	0.378565	0.433083	0.337666	0.336195
24	1	1	0.333333	0.500104		0.333333	0.499932	0.599253	0.428271	0.502127	1
25	0.410689	0.427307	0.340689	0.516853	0.777571	0.925869	0.344428	0.385199	0.440513	0.518933	0.340648

附录表 4　灰色关联系数 $\xi_{bi}(t)$

t	ξ_{b1}	ξ_{b2}	ξ_{b3}	ξ_{b4}	ξ_{b5}	ξ_{b6}	ξ_{b7}	ξ_{b8}	ξ_{b9}	ξ_{b10}	ξ_{b11}
1	0.552986	0.510984	0.999728	0.500046	0.995446	0.429567	0.333379	0.333361	0.333336	0.500085	0.999728
2	0.337073	0.333333	0.348273	0.534364	0.910632	0.536295	0.356257	0.458036	0.348245	0.348285	0.534384
3	0.333333	0.345635	0.50452	0.504499	0.989975	0.979543	0.336347	0.377955	0.335309	0.504537	0.335335
4	0.399657	0.412887	0.334641	0.502927	0.99826	0.704374	0.335299	0.376925	0.334614	0.502965	0.502947
5	0.369658	0.375623	0.50275	0.989201	0.957463	0.336558	0.335167	0.376796	0.989185	0.334564	0.989178
6	0.354738	0.410672	0.333423	0.333401	0.999502	0.760433	0.500304	0.600332	0.999201	0.333434	0.500201
7	0.831827	1	1	0.499978	0.333443	1	1	1	0.599973	0.333344	1
8	0.382116	0.510997	0.333368	0.333346	0.991868	0.972388	0.500118	0.42863	0.9999694	0.500095	0.333367
9	0.473559	0.410564	0.333364	0.333342	0.99806	0.869977	0.333379	0.375037	0.999736	0.500085	0.500067
10	0.451891	0.410529	0.500025	0.500003	1	0.867037	0.33335	0.375008	0.999909	0.333355	0.333343
11	0.432358	0.511216	0.333446	0.500232	0.999075	0.984244	0.500381	0.42878	0.600338	0.50027	0.333445
12	0.451867	0.455235	1	0.499978	0.973321	1	1	1	0.428542	0.333344	0.499999
13	0.58569	0.510956	0.999819	0.500024	0.996537	0.733117	0.333364	0.375022	0.428575	0.333364	0.999819
14	0.585614	0.510899	0.333333	0.499978	0.994865	0.866841	0.333333	0.374992	0.599973	0.500017	0.499999

续表

t	ξ_{b1}	ξ_{b2}	ξ_{b3}	ξ_{b4}	ξ_{b5}	ξ_{b6}	ξ_{b7}	ξ_{b8}	ξ_{b9}	ξ_{b10}	ξ_{b11}
15	0.367859	0.999961	0.999967	0.499987	0.949436	0.333333	0.333339	0.374997	0.428548	1	0.500007
16	0.622653	0.511026	0.999596	0.500079	0.999882	0.731586	0.333401	0.333378	0.428616	0.333389	0.5001
17	0.622483	0.510912	0.50001	0.999984	0.985275	0.864986	0.33334	0.374999	0.999967	0.500027	0.333337
18	1	0.676285	0.5	0.499973	0.99938	0.686255	0.333333	0.374992	0.599973	0.333344	1
19	0.523639	0.510917	0.999942	0.999967	0.963096	0.67978	0.333343	0.333333	0.999951	0.500031	0.333339
20	0.712089	0.510907	0.999975	1	0.973358	0.333337	0.374996	0.999983	0.500023	0.333335	
21	0.831834	0.67629	0.333334	0.49993	0.994988	0.903958	0.333335	0.374993	0.599976	0.500019	0.333335
22	0.712079	0.67629	0.999992	0.49993	0.988619	0.758943	0.500003	0.599996	1	0.500019	0.333333
23	0.452412	0.410953	0.997805	0.500523	0.905289	0.942391	0.3337	0.375353	0.428946	0.333589	0.333577
24	0.365728	0.368887	0.636816	0.699442	0.387269	0.673683	0.466302	0.499666	0.912111	0.699476	0.411574
25	0.401713	0.415041	0.335821	0.505597	0.866027	0.945085	0.337079	0.378674	0.432663	0.505636	0.33582

附录表 5　关联矩阵

t	1	2	3	4	5	6	7	8	9	10	11
r_{a1}	0.540065	0.526538	0.609921	0.574748	0.921834	0.829142	0.397994	0.433233	0.653574	0.465812	0.524515
r_{b1}	0.526197	0.51908	0.646398	0.569474	0.925872	0.781331	0.420048	0.45105	0.673094	0.462532	0.524383

索　引